U0223658

应用型本科院校规划教材/计算机类

韩国语
办公自动化

主　编　林光日
副主编　金正烈
　　　　池学镇
　　　　申昌顺
　　　　姜承哲
参　编　全京姬
　　　　金善姬
　　　　徐相吉
　　　　朴建军

哈爾濱工業大學出版社

内容简介

本书可分韩国语输入法、韩文办公自动化应用、网络应用三部分。通过本书的学习，可熟练掌握韩国语文字录入、编排文档、上网搜集信息、收发韩文 E-mail 等能力。

本书适用于韩国语专业的学生作为教材，也可以作为相关专业的教师参考用书。

图书在版编目(CIP)数据

韩国语办公自动化 / 林光日主编. -哈尔滨：哈尔滨工业大学出版社，2010.8

ISBN 978-7-5603-3035-8

Ⅰ. ①韩…　Ⅱ. 林…　Ⅲ. ①朝鲜语—办公室—自动化. Ⅳ. ①H55 ②C931.4

中国版本图书馆 CIP 数据核字(2010)第 108256 号

书　　名 / 韩国语办公自动化
责任编辑 / 赵文斌 杜燕
封面设计 / 卞秉利
出版发行 / 哈尔滨工业大学出版社
社　　址 / 哈尔滨南岗区复华四道街 10 号　邮编：150006
传　　真 / 0451- 86414749
网　　址 / http://hitpress.hit.edu.cn
印　　刷 / 黑龙江省教育厅印刷厂
开　　本 / 880mm×1230mm　1/32
印　　张 / 5.0
字　　数 / 120 千字
版　　次 / 2010 年 8 月第 1 版
印　　次 / 2010 年 8 月第 1 次印刷
书　　号 / ISBN 978-7-5603-3035-8
定　　价 / 20.00 元

序

哈尔滨工业大学出版社策划的“应用型本科院校规划教材”即将付梓，诚可贺也。

该系列教材卷帙浩繁，凡百余种，涉及众多学科门类，定位准确，内容新颖，体系完整，实用性强，突出实践能力培养。不仅便于教师教学和学生学习，而且满足就业市场对应用型人才的迫切需求。

应用型本科院校的人才培养目标是面对现代社会生产、建设、管理、服务等一线岗位，培养能直接从事实际工作、解决具体问题、维持工作有效运行的高等应用型人才。应用型本科与研究型本科和高职高专院校在人才培养上有着明显的区别，其培养的人才特征是：①就业导向与社会需求高度吻合；②扎实的理论基础和过硬的实践能力紧密结合；③具备良好的人文素质和科学技术素质；④富于面对职业应用的创新精神。因此，应用型本科院校只有着力培养“进入角色快、业务水平高、动手能力强、综合素质好”的人才，才能在激烈的就业市场竞争中站稳脚跟。

目前国内应用型本科院校所采用的教材往往只是对理论性较强的本科院校教材的简单删减，针对性、应用性不够突出，因材施教的目的难以达到。因此亟须既有一定的理论深度又注重实践能力培养的系列教材，以满足应用型本科院校教学目标、培养方向和办学特色的需要。

哈尔滨工业大学出版社出版的“应用型本科院校规划教材”，在选题设计思路上认真贯彻教育部关于培养适应地方、区域经济和社会发展需要的“本科应用型高级专门人才”精神，根据黑龙江省委书记吉炳轩同志提出的关于加强应用型本科院校建设的意见，在应用型本科试点院校成功经验总结的基础上，特邀请黑龙江省 9 所知名的应用型本科院校的专家、学者联合编写。

本系列教材突出与办学定位、教学目标的一致性和适应性，既严格遵照学科体系的知识构成和教材编写的一般规律，又针对应用型本科人才培养目标及与之相适应的教学特点，精心设计写作体例，科学安排知识内容，围绕应用讲授理论，做到“基础知识够用、实践技能实用、专业理论管用”。同时注意适当融入新理论、新技术、新工艺、新成果，并且制作了与本书配套的PPT多媒体教学课件，形成立体化教材，供教师参考使用。

“应用型本科院校规划教材”的编辑出版，是适应“科教兴国”战略对复合型、应用型人才的需求，是推动相对滞后的应用型本科院校教材建设的一种有益尝试，在应用型创新人才培养方面是一件具有开创意义的工作，为应用型人才的培养提供了及时、可靠、坚实的保证。

希望本系列教材在使用过程中，通过编者、作者和读者的共同努力，厚积薄发、推陈出新、细上加细、精益求精，不断丰富、不断完善、不断创新，力争成为同类教材中的精品。

黑龙江省教育厅厅长

2010年元月于哈尔滨

前　言

《韩国语办公自动化》是韩国语专业的专业基础课，是建立在韩国语基础、计算机知识基础之上的应用学科。其教学目的是掌握韩国语的计算机操作技能和办公软件的使用，为进一步提高韩国语人才综合素质打下良好基础。通过学习韩国语办公自动化，可熟练掌握韩国语文字录入、编排文档、上网搜集信息、收发韩文 E-mail 等能力。

本课程的教学重点是系统地向学生传授知识，进而培养学生综合应用技能。本课程的操作、实践性比较强。因此，教学过程采用一节理论课加一节实践课的教学模式，注重上机实践环节，加大上机操作时间。

通过本课程的学习，一要牢固掌握基础性的知识，对韩国语计算机专业术语有准确的理解；二要通过上机实践和应用，熟练掌握基本的操作技能；三要掌握各种办公类软件的具体使用方法。

本课程以韩国语计算机基本操作为讲授重点。

本书可快速、有效地学习韩国语专业所需要掌握的计算机办

公软件和操作技能。本书在编写过程中，参考了《컴퓨터 입문 활용》,《IT 韩国语》等韩国语计算机书籍，在此向这些作者深表谢意。

本书专业性强，适合韩国语专业教师、学生使用。

作者非常愿意与读者进行广泛交流，就相关问题进行讨论，联系方式：hungul@163.com.

由于作者水平有限，书中难免有错误和遗漏之处，恳请读者和同仁多多指教，提出宝贵意见。

编者

2010 年 6 月

目 录

第一部分 韩国语输入法

第一章 输入法的添加、安装和使用

在中文XP系统、win2000系统、Vista系统中安装韩国语输入法。

第一节 各种系统中安装韩国语输入法

一、XP系统下：打开［控制面板］-双击［区域和语言选项］-再单击［语言］标签下的［详细信息］-单击［添加］按钮-在输入语言列表中选朝鲜语（韩国语）。

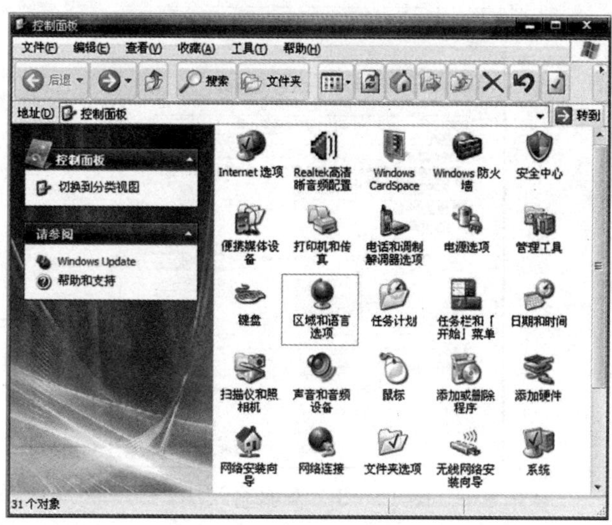

图 1-1-1 控制面板

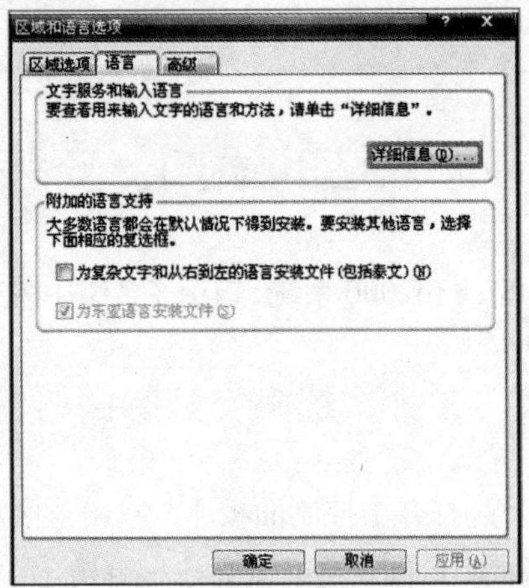

图 1-1-2　语言标签

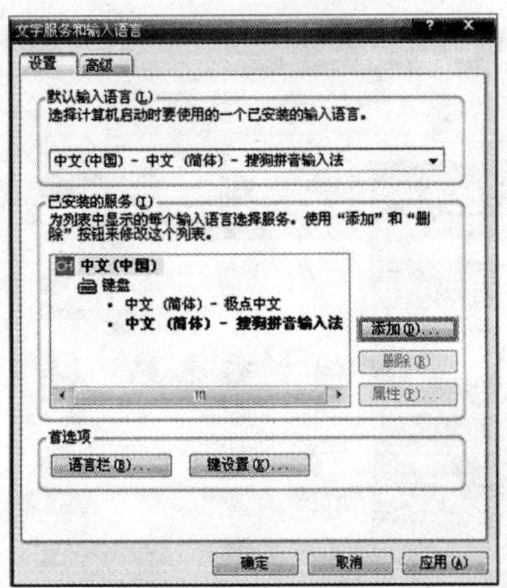

图 1-1-3　添加输入法

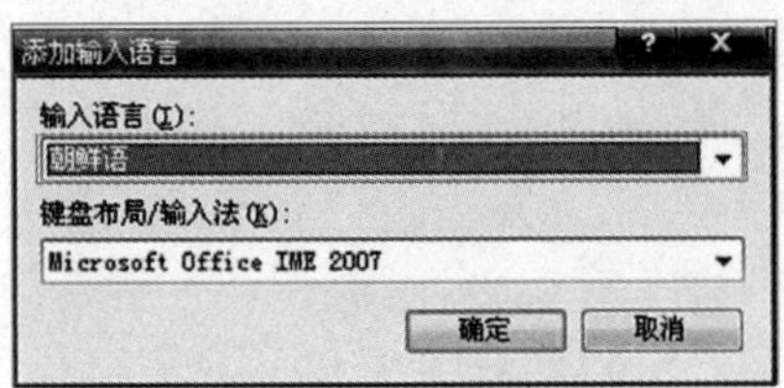

图 1-1-4　朝鲜语选项

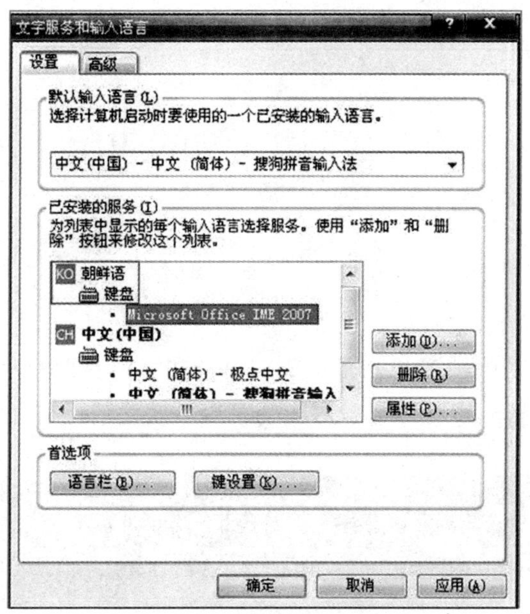

图 1-1-5　添加韩国语输入法

二、Win2000 系统下：控制面板 - 区域选项 - 系统的语言设置项 - 选朝鲜语，然后到输入法设置标签添加朝鲜语（韩国语）。

三、Vista 系统下：控制面板 - 区域和语言选项 - 更改键盘 - 添加 - 朝鲜语，选中 Microsoft IME。

第二节　不同输入法间转换使用

中文输入法状态下按键盘左侧的 Alt+Shift 键，转换输入法为韩文输入法，转换成韩文状态后再按键盘右侧的 Alt 键，转换为韩国语输入法的韩文输入状态。

默认韩国语输入法的英文输入状态。

第二章 输入法的应用

第一节 韩字的结构与分布

韩国语是由辅音和元音组成的拼音文字，键盘的左半部是辅音右半部是元音，击打键盘上对应的字母，使元辅音结合成字。

图 1-2-1 韩字键盘

例：Q-ㅂ W-ㅈ E-ㄷ R-ㄱ T-ㅅ O-ㅐ P-ㅔ
안：ㅇ+ㅏ+ㄴ 녕:ㄴ+ㅕ+ㅇ

第二节 韩字键盘位置练习

1단계：ㅁ ㄴ ㅇ ㄹ ㅓ ㅏ ㅣ
2단계：ㅂ ㅈ ㄷ ㄱ
3단계：ㅛ ㅅ ㅎ ㅗ ㅜ ㅠ

4단계：ㅑ ㅕ ㅔ ㅐ
5단계：ㅋ ㅌ ㅊ ㅍ
6단계：ㅜ ㅡ
7단계：ㅃ ㅉ ㄸ ㄲ ㅂ ㅈ ㄷ ㄱ
8단계：ㅒ ㅖ ㅕ ㅑ

韩字打字练习分 8 个阶段，要求熟练掌握每个阶段出现的字母，从第一个阶段开始练习循序渐进，学习基本键位。

第三节 韩国语输入方法

一、键盘输入韩国语时，输入完前一个字后不需要按空格键来结束打字，继续打下一个字，输入法将自动识别所要输入的韩字。

例：나는 -- 输入完“나”再输入“ㄴ”时字母将变成收音“난”，此时继续输入元音“ㅡ”就可恢复成“느”。

二、紧音“ㅃ ㅉ ㄸ ㄲ ㅆ，双元音ㅒ ㅖ”的输入方法。

按住 Shift 键 + 对应字母，打出原字母的紧音、双元音。

例：Shift+ W(ㅈ) = ㅉ, Shift+ Q(ㅂ) = ㅃ,
Shift+ E(ㄷ) = ㄸ, Shift+ O(ㅐ) = ㅒ,
Shift+ P(ㅔ)= ㅖ.

三、混合结构、上下结构字的输入。

例：“권”, “원”, “완” 打字顺序从左到右，从上到下与书写顺序相同。

권=ㄱ+ ㅜ+ ㅓ+ ㄴ, 원=ㅇ+ ㅜ+ ㅓ+ ㄴ, 완=ㅇ+ ㅗ+ ㅏ+ ㄴ,
많=ㅁ+ ㅏ+ ㄴ+ ㅎ, 값=ㄱ+ ㅏ+ ㅂ+ ㅅ, 밝=ㅂ+ ㅏ+ ㄹ+ ㄱ.

第二部分 韩文办公软件应用

（Hungul2007）

第一章 Hungul2007 기본환경

第一节 한글2007화면 구성 살펴보기(软件界面介绍)

- 문서제목 표시줄
- 메뉴
- 도구 상자
- 작업 창
- 문서 편집 창
- 문서 탭
- 상태 표시줄

图 2-1-1 Hungul2007 软件介绍

第二节 한글 2007 작업 환경 만들기(各种工具栏调用)

도구 상자(工具箱)는 문서를 작성할 때 자주 사용되는 기능의 아이콘(图标)을 모아놓은 곳입니다.

[보기]-[도구 상자] 메뉴(菜单)에 선택되어 있는 도구 상자들은 자주 사용하는 도구 상자들입니다. 기본(常用), 서식(格式), 그리기(画图工具栏).

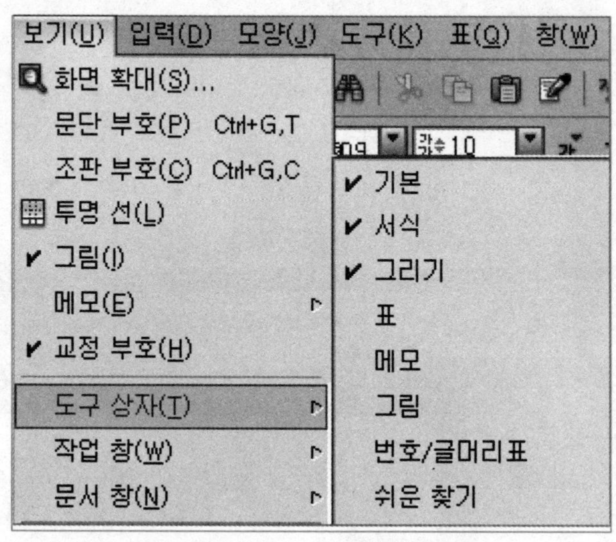

图 2-1-2 工具箱

第三节 작업 창 활용(使用作业视窗工具)

작업 창(作业视窗)을 활용하면 문서의 편집 시간을 줄이고 작업 속도를 높여 효율적인 문서 작업을 할 수 있습니다.

[보기]-[작업창]

一、사전 검색--한글 사전을 이용하여 단어 검색.

二、빠른 실행—사용자가 실행했던 기능들이 등록되어 있는 것을 확인할 수 있습니다.

三、쪽 모양 보기.

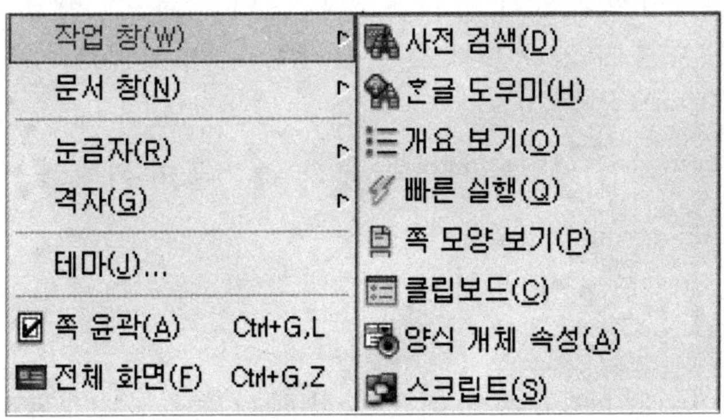

图 2-1-3 作业窗

本章小结

一、메모리가 허락하는 한 최대 30개까지 새로운 창을 열 수 있습니다.

二、탭지간 이동은 CTRL+ TAB 키를 누르면 다음 탭으로 이동합니다.

三、문서저장 상태는 문서 탭 파일 이름 색깔로 구분됩니다.

고친 내용이 있을 때에는 문서 탭 이름이 빨간색,

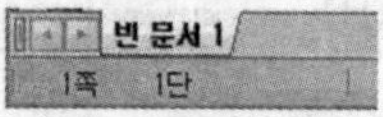

자동 저장이 되었을 때에는 문서 탭 이름이 파란색,

저장이 완료되면 문서 탭 이름이 검정색,

으로 표시됩니다.

四、[파일] 메뉴에서 최근 작업 문서 목록을 9개까지 볼 수 있습니다.

练习题

一、通过 [보기]-[도구상자] 选项调用各种工具栏。

例：기본도구상자(常用工具栏), 그리기 도구상자(绘图工具栏), 서식 도구상자(格式工具栏), 표 도구 상자(表格工具栏), 그림 도구상자(图片工具栏).

二、调出以下三种作业视窗。

1. 사전검색 작업창(词典查询作业视窗).

2. 빠른 실행(快速执行作业视窗，里面包含使用过的菜单命令).

3. 쪽모양 보기(预览文件).

第二章 문서 작성의 기본 기능

第一节 새 글 작성하기 (新建文档)

한글 2007을 실행하면 “Noname 1”이라는 이름의 새 문서 파일이 자동으로 실행됩니다.

一、[파일]-[새 문서] 혹은 [새 탭] 메뉴를 이용하여 새로운 문서를 불러옵니다.

二、문서 편집 창에 한글을 입력 시 맞춤법 도우미를 작동합니다. 맞춤법 도우미가 실행되면 자동으로 맞춤법을 검사해주는 기능을 하여 문서 작성 중에 오타를 줄일 수 있어 편리합니다. 띄어쓰기나 맞춤법에 자신이 없을 때는 맞춤법 도우미를 자동으로 실행시키며 문서 작업을 하는 것이 좋습니다.

[도구]-[환경설정]-[기타] 탭에서 ‘맞춤법 도우미’항목을 체크하여 맞춤법 도우미를 작동합니다.

* 틀린 단어나 띄어쓰기가 오류생기면 빨간색 물결 표시가 나타납니다.

第二节 작업한 문서 저장하기(保存文件)

一、작성한 문서를 저장하려면 [파일]-[저장하기] 메뉴를 선택하거나 기본 도구 상자의 "저장" 아이콘을 눌러줍니다. 혹은 단축키 Alt + S로 파일을 저장합니다.

[다른 이름으로 저장하기] 대화상자가 나타나면 저장 할 폴더를 선택한 후 파일 이름을 입력하고 저장 버튼을 클릭합니다.

图 2-2-1 保存文件

二、한글 2007 파일 격식은 "*.hwp" 입니다. 저장 시 파일 암호를 설정할 수 있습니다. 파일 이름은 최대 100자까지 가능하며 (₩ ,/ , : , ? , " , < ,> |) 부호는 사용하지 못합니다. 한글 파일의 형식이 아닌 다른 형식으로 저장하고 싶을 때는 '파일 형식' 항목의 목록 버튼을 클릭해 원하는 파일 형식을 선택하여 저장합니다.

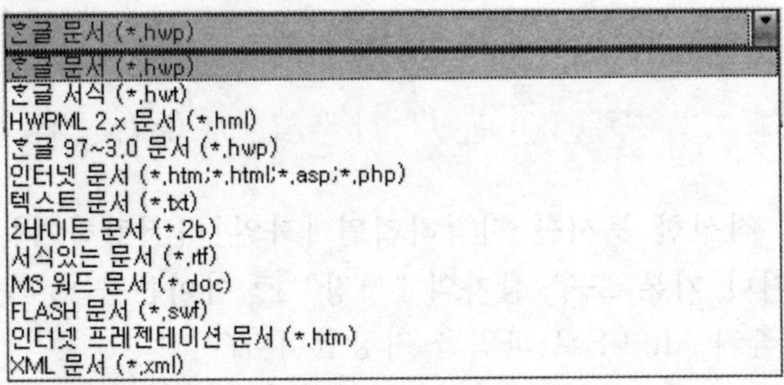

图 2-2-2 扩展名列表

三、저장 시 파일위치까지 저장하여 작업을 계속할 수 있어 편리합니다. 또한 다른 격식의 파일로도 동시에 저장이 가능 합니다. [도구]-[환경설정]-[편집] 탭에서 '동시 저장' 항목을 체크 표시하여 부동한 격식의 파일을 동시에 저장할 수 있습니다.

第三节 작성중인 문서의 블록 설정하기（选取文章）

입력된 문서를 편집할 때는 반드시 블록 설정을 해주어야 합니다. 블록(选取)은 마우스나 키보드를 사용하여 문서의 일정 부분을 영역으로 지정하는 것입니다.

一、커서(光标)를 편집 화면의 왼쪽 여백에 놓고 마우스(鼠标)왼쪽 버튼을 한번 누르면 입력된 문서의 한 줄이 블록으로 설정되고 두 번 누르면 한 문단(段落)이 블록으로 설정되고 세 번 누르면 전체 문서가 블록으로 설정됩니다.

여러 줄을 한꺼번에 블록으로 설정하려면 문장의 처음 위치의 왼쪽 여백(左边距)에서부터 원하는 줄까지 마우스로 드래그(拖拽)합니다.

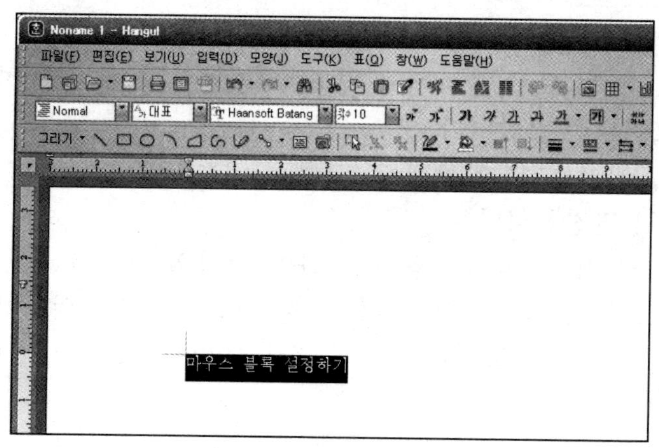

图 2-2-3 选取文章

二、기능 키 F3 으로 블록 설정하기.

낱말(单词)에 커서를 놓고 기능 키 F3을 두 번 누르면 단어을 블록으로 설정하고 세 번 누르면 문단, 네 번 누르면 전체 문서가 블록으로 설정됩니다.

三、Shift키와 커서를 이용하여 블록 설정하기.

지정할 내용의 시작 위치에 커서를 놓고 블록으로 지정할 내용의 끝 부분에 마우스 포인터를 가져다 놓은 후 Shift키를 누른 채로 마우스 왼쪽 버튼을 클릭합니다.

第四节 문서에 적절한 글자 모양 바꾸기 (设置字体)

한글의 기본 글꼴과 글자 크기로 입력된 문서를 보기 좋은 문서로 바꿔주기 위해 글자의 모양을 다양하게 변경합니다.

一、먼저 글자의 모양을 변경하려는 문자열을 블록으로 지정합니다. 블록을 설정한후 [서식]도구 모음의 '글꼴' Haansoft Batang 을 클릭하여 원하는 글꼴을 선택하여 '글자 모양'을 변경합니다.

二、서식 도구 상자에서 '글자 크기' 10 를 클릭하여 글꼴의 크기를 변경합니다.

三、서식 도구 상자에서 '글자색' 가 을 클릭하여 색상을 선택하여 변경합니다.

四、서식 도구 모음을 사용하여 글자의 모양을 변경할 수 있지만 [글자모양] 대화상자를 실행하여 글자의 모양을 변경할 수도 있습니다. 블록으로 지정한 후 [모양]-[글자 모양] 메뉴를 선택합니다.

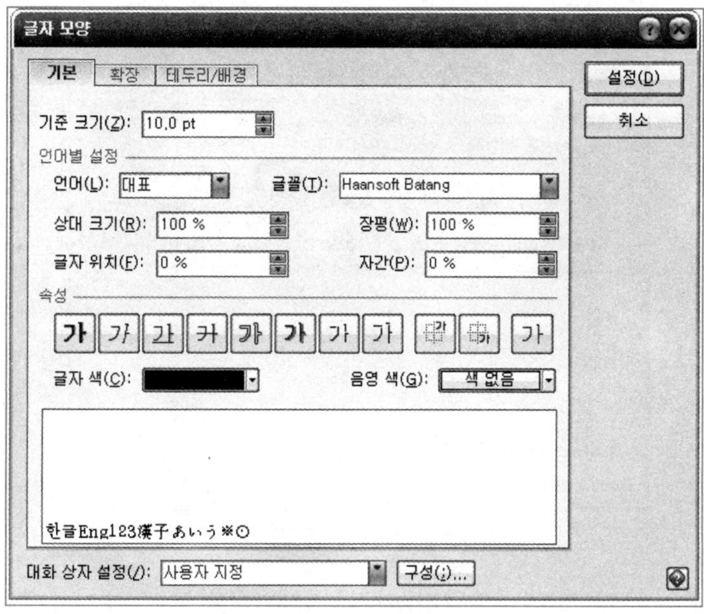

图 2-2-4　字体格式

五、글자 모양 [기본] 탭에서 글꼴,글자 크기, 글자 색, 음영 색, 속성을 변경할 수 있습니다.

六、글자 모양 [확장] 탭을 클릭합니다. 글자의 '그림자'를 지정할 수 있습니다.

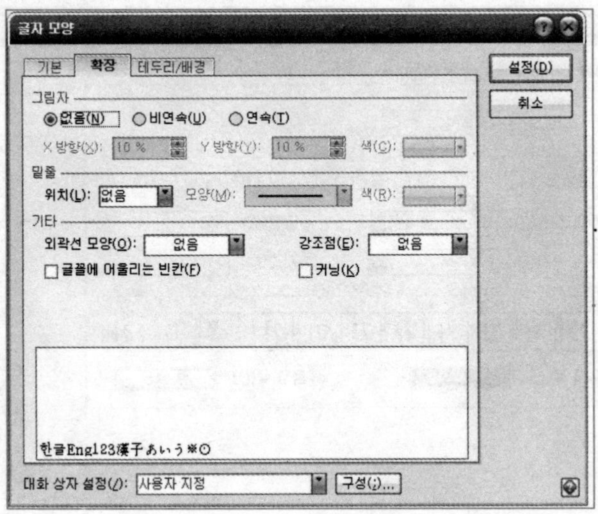

图 2-2-5　扩展标签

七、글자 모양 [테두리/배경] 탭을 클릭하여 글자 [테두리/배경] 설치합니다.

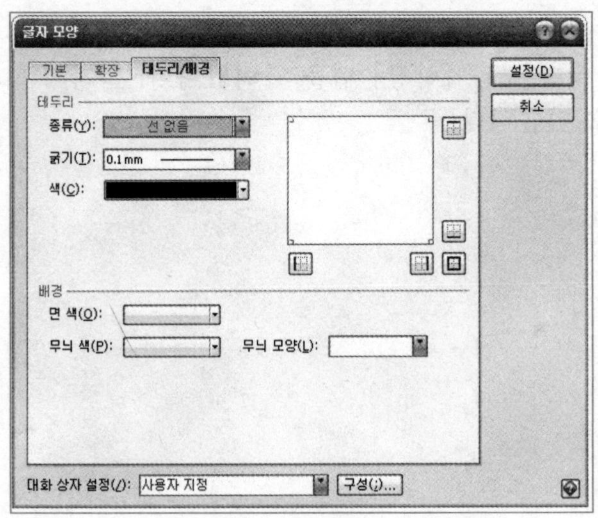

图 2-2-6　设置字体边框和背景

※ 단축키로 글자 크기 조절
Alt+ Shift+ E : 글자 크기 크게,
Alt+ Shift+ R : 글자 크기 작게,
단축키를 한 번 누를 때마다 1포인트씩 글자 크기가 늘어 나거나 줄어듭니다.

第五节 글의 복사와 이동하기(复制和粘贴)

一、문서의 일정 부분을 블록으로 지정한 후 마우스 오른 쪽 버튼을 클릭해 빠른 메뉴에서 [복사하기](复制)를 실행합니다.

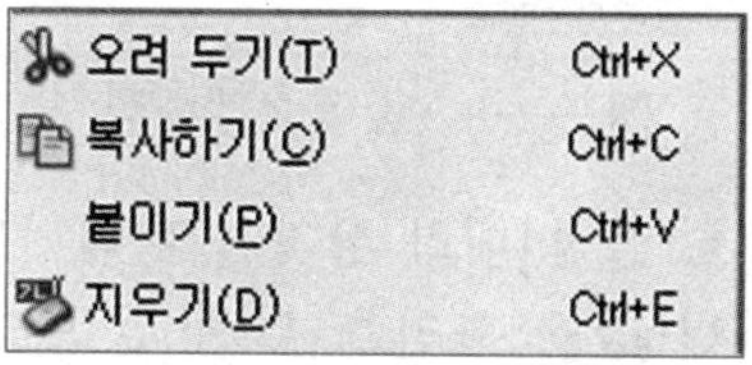

오려 두기(T)	Ctrl+X
복사하기(C)	Ctrl+C
붙이기(P)	Ctrl+V
지우기(D)	Ctrl+E

图 2-2-7 复制、剪切

二、다음 빈 문서 탭을 클릭하고 화면에서 마우스 오른쪽 버튼을 클릭해 빠른 메뉴의 [붙이기](粘贴)를 선택합니다.화면에 블록으로 지정했던 영역의 내용이 나타납니다.

三、[오려 두기](剪切)는 문서의 특정 부분을 오리듯 떼어 내어 다른 위치로 이동시키는 것입니다.

四、[편집] 메뉴에서도 오려두기, 복사하기, 붙이기, 지우기를 실행할 수 있습니다. 또는 기본 도구 상자의 복사하기 , 붙이기 , 오려두기 아이콘을 클릭합니다.

五、[골라 붙이기] 윈도우의 다른 프로그램에서 작업한 문서를 복사한 후 한글 문서에 삽입할 때 사용합니다.

第六节 중요한 문서에 암호걸기(设置文档密码)

파일(文件)의 안전성을 확보하기 위해 문서에 암호를 지정해둡니다.

一、문서에 암호를 지정하기 위해 [파일]-[문서 암호] 메뉴를 클릭합니다.

图 2-2-8 设置文件密码

二、[문서 암호 설정]대화 상자가 나타나면 문서의 암호를 입력하고 다시 한번 암호 확인을 위해 같은 암호를 입력한 후 [설정] 버튼을 클릭합니다.

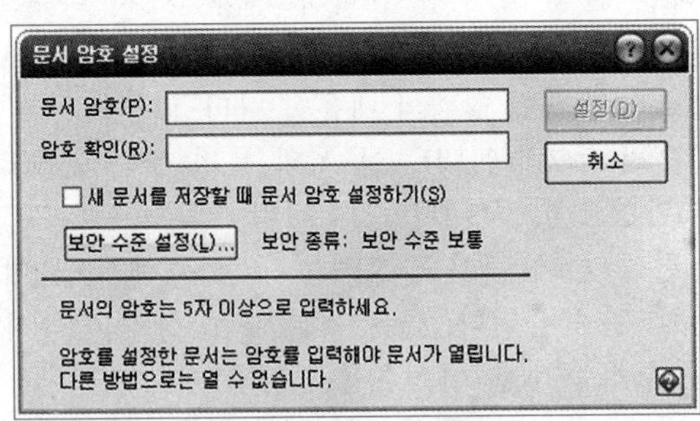

图 2-2-9 输入密码

本章小结

一、최근 문서 불러오기.

[파일]-[최근 작업문서](最近编辑的文档) 혹은 단축키(快捷键) Alt+ F3을 이용하여 최근 작업한 문서를 불러옵니다.

二、[파일]-[불러오기]혹은 단축키Alt+ O메뉴를 실행하여 파일 불러오기 대화상자의 파일 목록에서 원하는 파일을 클릭하여 불러옵니다. Ctrl 、Shift 누른 채 마우스를 클릭하면 여러 개의 파일을 한꺼번에 불러올 수 있습니다.

불러오기(O)...	Alt+O
최근 작업 문서(R)...	Alt+F3
문서 닫기(C)	Ctrl+F4
저장하기(S)	Alt+S
다른 이름으로 저장하기(A)...	Alt+V

图 2-2-10 打开文档

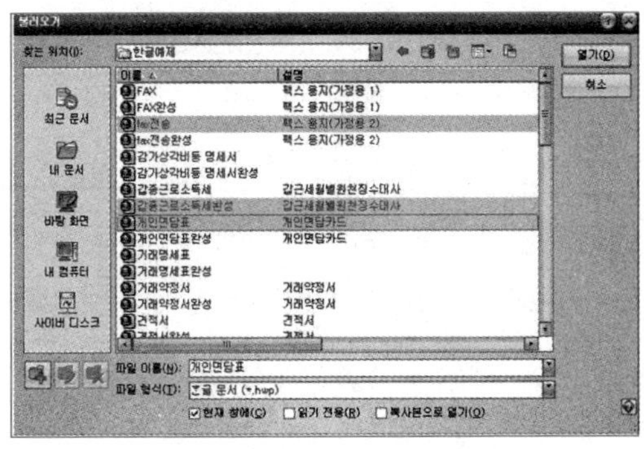

图 2-2-11 选定文件

三、[도구]-[환경설정]-[편집]탭에서 최근문서 개수를 지정할 수 있습니다.

四、[도구]-[환경설정]-[편집] 탭에서 최근문서를 불러올적 [현재창]에서 불러 올것인지 [새창]에서 불러 올것인지를 지정하여 줍니다.

五、파일의 일부분을 블록으로 지정하여 새로운 파일로 저장할 수 있습니다.

练习题

一、새글을 작성(新建文档)하고, 다음의 글을 입력하세요.
인생은 한 권의 책과 같다.
우리는 매일 매일 한 페이지씩 책을 써 나아간다.
어떤 사람은 잘 쓰고 어떤 사람은 잘못 쓴다.
아름답게 쓰는 이도 있고 추하게 쓰는 이도 있다.
공허한 페이지를 쓰는 이도 있고 충실한 페이지를 쓰는 이도 있다.

二、위의 작업한 문서를 저장하세요.
파일 이름(文件名) : 姓名 파일 격식(文件格式) : hwp

三、작업 창의 문서를 블록으로 설정하여 저장하세요.
选取文档的第一段并保存，选取方法任选。

1. 把鼠标放在第一段首字前，光标变成箭头形状时双击选取文档。
2. 鼠标单击第一段，连续按三次F3键选取文档。
3. 光标单击第一段首字前，按住Shift键并单击第一段末选取文档。

选取指定文档后保存。

四、문서의 글자모양을 바꾸세요(设置字格式).
글자 모양(字体) : Gulim
글자 크기(字体大小) : 15pt

글자 색(颜色)：紫色

五、최근 파일을 불러오고 새 탭에 일부분 문서를 복사하세요.

打开最近编辑过的文档，在打开的窗口内新建文档(파일-새 탭)复制一段文字到新建的文档中。

六、문서에 암호를 설정하세요(文档设置密码).

第三章 문단 모양으로 보기 좋은 문서 만들기

第一节 문단의 간격과 여백 주기 (设置段落间距和页边距)

문서를 작성할 때 문단에 적절한 여백을 주면 가독성이 높아집니다.

一、문단 간격 지정하기(段落间距的设置).

1. 양식 파일 [경력 증명서]를 이용하여 문단 모양을 작성합니다.

[파일]-[문서마당]메뉴를 클릭하여 문서마당 대화상자를 불러옵니다. 문서마당 꾸러미 목록에서 '경력 증명서' 문서를 선택하고 열기 버튼을 클릭합니다.

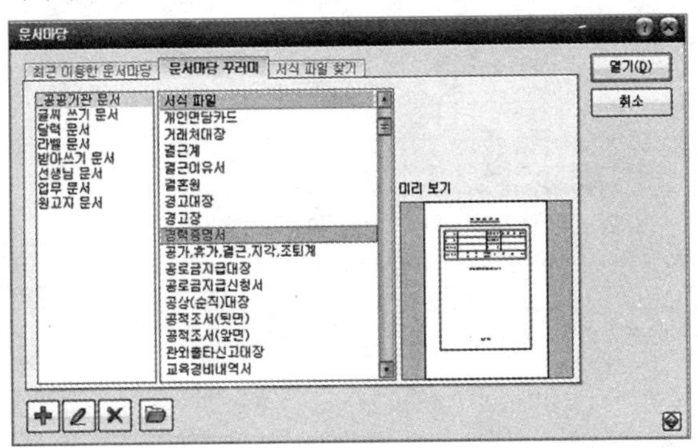

图 2-3-1 打开已选文件

2. 문서의 제목을 블록으로 지정한 후 도구 상자의 '가운데 정렬(居中)' 아이콘을 클릭해 문단의 정렬을 가운데로 지정합니다.

二、여백 지정하기 (段落页边距的设置).

1. 문단의 좌우 여백을 지정하기 위해 문단을 블록으로 지정한 후 메뉴에서 [모양]-[문단 모양](段落格式)을 선택합니다. 기본 탭에서 '여백', '첫 줄', '간격' 항목을 설정합니다.

(1) 여백 항목의 왼쪽, 오른쪽 간격(左右边距)을 '15pt'로 설정합니다.

(2) 첫 줄 항목의 들여쓰기(首行缩进)를 '10pt'로 설정합니다.

(3) 간격 항목의 줄 간격을 '글자에 따라' '120%'로 설정합니다.

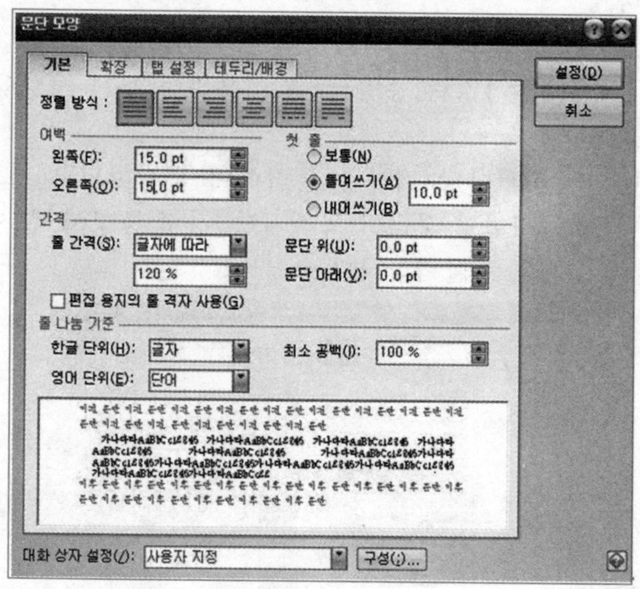

图 2-3-2 段落格式

2. 블록으로 지정한 영역의 문단이 안쪽으로 각각 15pt 만큼 안쪽으로 이동하고 첫 줄이 10pt 만큼 들여쓰기된 것을 확인할 수 있습니다. 또한 줄 간격은 120%로 좁혀집니다.

3. 하나의 문단 모양을 변경할 때는 블록 지정을 하지 않아

도 커서가 위치해 있는 문단에 모양이 적용됩니다.

三、테두리、배경 설정하기(段落边框、背景的设置).

문서 내에 강조해야 할 부분을 문단배경과 테두리를 주어 눈에 띄게 강조해 줄 수 있습니다. 문단을 블록으로 지정한 후 [모양]-[문단 모양]-[테두리/배경] 탭을 선택합니다.

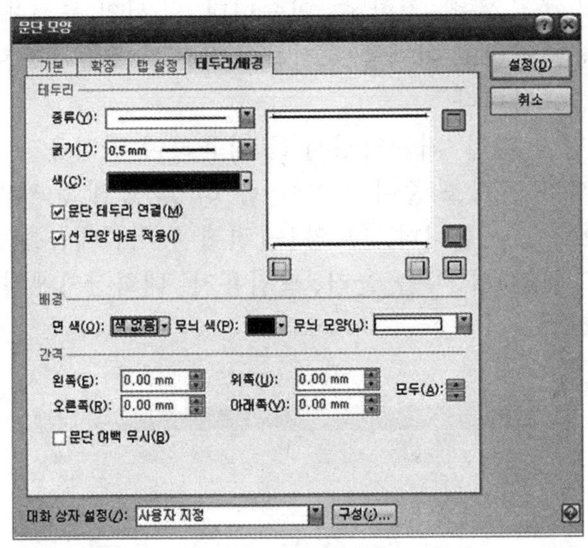

图 2-3-3 设置段落边框、背景

1. 테두리 항목에서 선의 '종류'와 '굵기'를 지정하고 상하 버튼을 클릭합니다.

2. 배경 항목에서 문단에 채워 줄 배경을 선택합니다.

3. [문단 테두리 연결] 항목에 체크 표시를 해 주어야 합니다. 만약 이 항목을 선택하지 않으면 문단에 테두리가 지정되어 문자열에 밑줄을 그어준 것처럼 표시됩니다.

第二节 편집 용지 설정하기(页面设置)

'편집 용지 설정'기능에서는 용지(纸张)의 여백과 방향 그리고 용지의 종류 등을 정할 수 있습니다. 문서의 특성에 맞는 편집 용지를 지정하고 여백을 조절하여 용지를 효율적으로 사용하는 것이 중요합니다

一、양식 파일 '거래약정서'를 이용하여 편집용지를 설정합니다. 문서의 여백을 줄여 용지를 좀 더 넓게 해 문서의 내용을 1쪽(页)으로 표시합니다. [모양]-[편집 용지] 메뉴를 선택하거나 키보드(键盘)의 F7을 눌러 '편집용지' 대화상자에서 여백(边距)을 조절합니다.

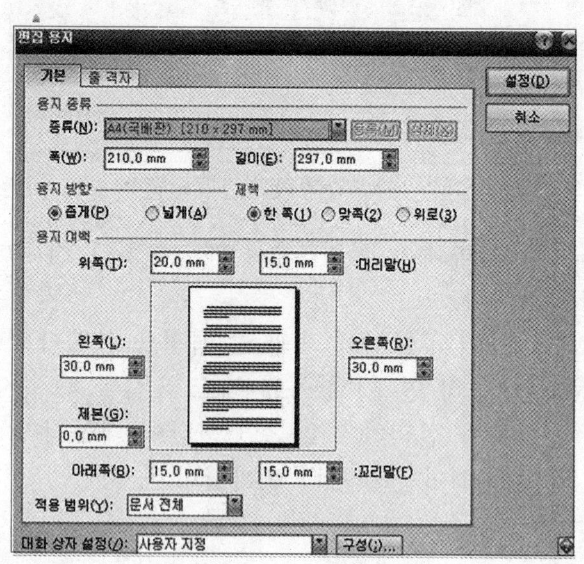

图 2-3-4 页面设置

二、문서의 상하 좌우 여백을 뺀 나머지가 본문이 입력되는 영역이 됩니다.

三、[편집 용지] 대화상자에서 '용지 방향'을 '넓게'(横向)로 지정해 주면 세로로 긴 용지의 방향을 가로로 길게 사용할 수 있습니다.

※ 왼쪽 오른쪽 여백 값을 많이 주면 본문의 영역이 좁아지고 위/아래 여백을 많이 주면 한 페이지에 들어가는 줄 수가 줄어 들게 됩니다.

第三节 쪽 테두리와 배경 주기(页面边框、背景的设置)

편집 중인 문서의 각 페이지마다 다양한 모양의 테두리를 넣거나 문서의 배경을 색상과 무늬(底纹) 혹은 그러데이션 효과(渐变效果)의 채우기로 채워주(填充)거나 원하는 이미지(图片) 파일을 배경으로 넣어 줄 수도 있습니다.

一、양식 파일 [경력 증명서]를 이용하여 테두리、배경을 설정합니다.

[모양]-[쪽 테두리/배경] 메뉴를 선택합니다.

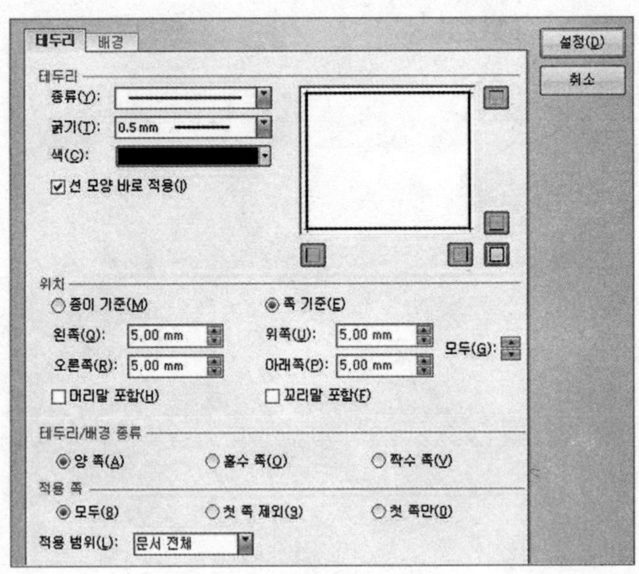

图 2-3-5 设置文章边框

1. 테두리 설정하기.

(1) 테두리 탭에서 '종류'(线型)와 '굵기'(粗细), '색상'(颜色)을 지정하고 테두리의 방향을 상하좌우로 정해줍니다.

(2) 문서의 상하좌우에 지정한 테두리의 종류와 굵기,색상이 적용됩니다.

2. 배경 설정하기.

배경 탭에서 '색'(颜色), '그러데이션'(渐变效果), '그림'(图片) 세 항목 중의 하나를 선택하여 문단의 배경을 지정해 줍니다.

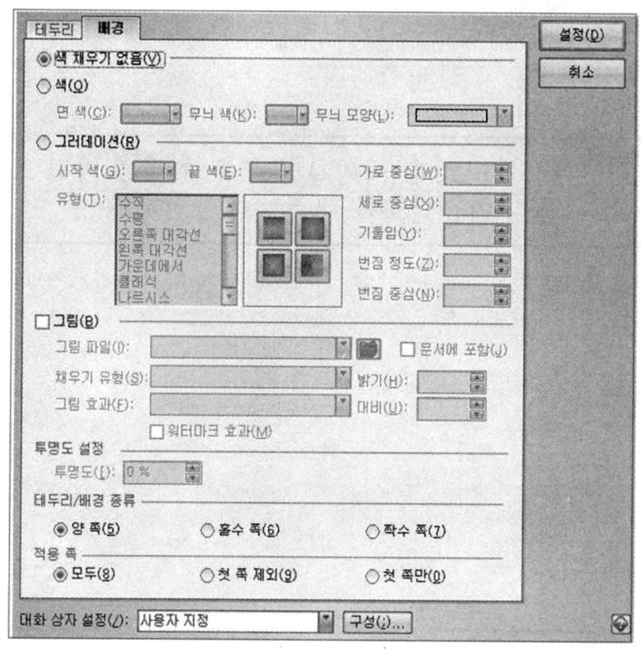

图 2-3-6　设置文章背景

(1) '색' 항목의 [면 색] 혹은 [무늬 색]을 선택하여 문서의 배경을 설정합니다.

(2) '그러데이션'으로 쪽 배경 채우기.

① 시작 색과 끝 색을 선택하여 쪽 배경을 설정합니다.

② '유형' 항목에서 이미로 색 효과를 선택하고, 번짐 방향을 지정하여 쪽 배경을 설정합니다.

(3) '그림'으로 쪽 배경 채우기.

① '그림' 항목에 체크 표시한 후 '열기' 버튼을 클릭합니다. 그림 넣기 대화상자에서 배경으로 사용될 이미지를 찾은 후 [열기] 버튼을 클릭합니다.

② 그림 파일을 선택한 후 '채우기 유형'의 목록에서 '가운데'로 지정하고 '워터마크 효과(模糊效果)' 항목을 체크 표시를 한 후 [설정] 버튼을 클릭합니다.

※워터마크 효과-이미지의 색을 흐리게 바꿔 문서의 내용과 어울리도록 해주는 기능입니다.

本章小结

一、문단 첫 글자 장식하기(首字下沉).

'문단 첫 글자 장식'기능은 문서에 시각적인 효과를 주기 위해 문단의 첫 글자를 크게 하거나 글자 주위에 테두리를 둘러 장식하는 것입니다.

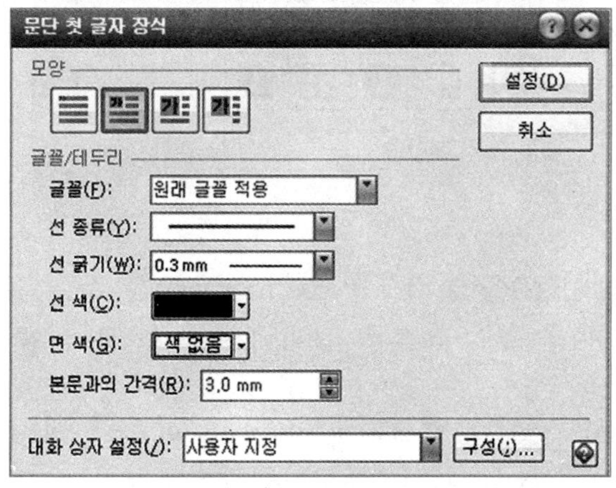

图 2-3-7　首字下沉

1. 문단 첫 글자를 장식할 문단 위에 커서를 놓고 [모양]-[문단 첫 글자 장식] 을 선택합니다.

2. 문단 첫 글자 대화 상자가 나타나면 '모양'에서 "3줄(3)" 아이콘을 클릭합니다.

3. '글꼴/테두리' 항목에서 '면색'을 회색으로 지정한 후 설정 버튼을 클릭합니다.

二、글자 겹침으로 새로운 글자 만들기(重叠字的设计).

'글자 겹침'기능을 사용하면 새로운 모양의 글자를 만들 수 있고 키보드로는 입력할 수 없는 원문자나 사각형 문자를 입력할 수 있어 매우 유용하게 사용되는 기능입니다.

1. 메뉴에서 [입력]-[글자 겹치기] 항목을 선택한 후 '글자 겹치기' 대화상자가 실행되면 '겹쳐 쓸 모양' 항목에서 원하는 모양을 선택하고 '겹쳐쓸 글자'에 문자를 입력한 후 넣기 버튼을 클릭합니다.

图 2-3-8 重叠字

2. Ctrl+F10을 눌러 [문자표] 상자를 실행한 후 "○♥" 기호를 입력한 후 넣기 버튼을 클릭하면 겹침 문자 ♥를 얻을 수 있습니다.

3. '겹침 문자' 종류에는 일반 겹침, 원문자, 반전된 원문자, 사각형 문자, 반전된 사각형 문자가 있습니다.

练习题

一、문단 모양 설정하기(设置文章段落格式).

1. 设置页边距、对齐方式等格式。

打开已编辑的文档或경력 증명서, 设置标题对齐方式：居中(가운데 정렬); 左右页边距(좌우여백)：15pt; 首行缩进(들여쓰기)：10pt；行间距：(줄 간격)120%。

2. 设置边框和背景。

通过[문단모양]选项设置文章第一段上下边框和背景，테두리 종류: 선굵기：0.4mm 색; 蓝色배경; 任意颜色를 선택하여 지정하세요.

二、쪽 테두리 배경 설정.

1. 쪽 테두리 설정：테두리 종류：选一条线, 굵기(粗细)：0.7mm, 색：검은색(黑色), 위치：쪽기준, 적용쪽：첫쪽만(只用于第一页)을 선택합니다.

2. 쪽 배경 설정：图片为背景，选择一张图片。채우기 유형：크기에 맞추어(调整图片大小) 选中 '워터마크효과' 밝기(亮度)：45% 대비 对比度：-50%로 지정합니다.

三、문단 첫 글자 장식.

设置文章首字下沉：모양 (样式)：3줄 (3) (第三个) 선종류：选第一条线 선색：홍색(红色) 면색：회색(灰色)을 지정합니다.

四、글자 겹침으로 새로운 글자를 만드세요.

第四章 문서 인쇄하기

第一节 인쇄 모양 미리 보기 (打印预览)

문서를 종이로 인쇄하기 전에 미리 보기로 확인하면 잘못 인쇄되어 종이를 낭비하는 것을 줄이고 작업 시간도 단축시킬 수 있습니다.

一、파일을 열고 인쇄할 모양을 미리 확인하기 위해 [파일]-[미리보기] 메뉴를 선택하거나 기본 도구 상자의 '미리 보기' 버튼을 클릭합니다.

二、'미리 보기'창에서 Ctrl+ Pageup를 누르면 문서의 처음으로 이동하고 Ctrl+ Pagedown 를 누르면 문서의 끝으로 이동합니다. Ctrl+ Enter 를 누르면 문서 편집 상태가 됩니다.

三、미리 보기 창의 여러 쪽 보기.

[미리 보기]창의 '여러 쪽 보기' 버튼을 클릭하여 원하는 페이지만큼 드래그하여 한 화면에 여러 페이지의 문서를 미리 볼수 있습니다.

四、문서를 확대、축소하여 보기.

메뉴에서 모양의 버튼을 클릭하면 전체 모양의 문서를 확대해서 볼 수 있습니다. 마우스 포인터(指针)를 한번 더 클릭하면 화면이 축소됩니다.

第二节 문서 인쇄하기(打印文件)

一、[파일]-[인쇄] 인쇄(P)... 메뉴를 선택하여 인쇄를 시작합니다.

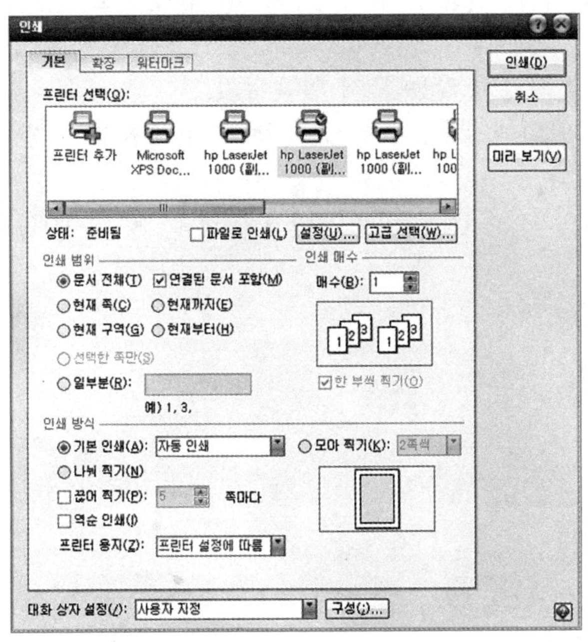

图 2-4-1 打印选项

二、인쇄 범위-[인쇄] 대화상자가 나타나면 '인쇄 범위'를 선택합니다. [문서전체], [현재 쪽], [현재까지], [현재 구역], [현재부터], [일부분] 선택항을 활용하여 사용합니다.

三、인쇄 매수(打印份数)-'인쇄 매수'를 지정하고 [한 부씩

찍기]항을 선택합니다.

四、인쇄 방식(打印方式).

[모아 찍기] : 문서를 축소하여 용지 한 장에 여러 페이지를 인쇄하는 방법입니다. [나눠 찍기], [끊어 찍기], [역순 인쇄]항을 활용하여 사용합니다.

五、문서의 일부분 인쇄(블록 인쇄).

문서의 일부분을 블록으로 지정한 후 [파일]-[인쇄] 메뉴를 선택합니다. 인쇄 범위가 "선택한 쪽"만으로 선택되어져 있습니다.

六、연속되지 않는 문서 인쇄하기.

인쇄 범위에서 "일부분" 선택하고 인쇄할 페이지 번호를 입력해 줍니다.

예 : 1, 4, 8-10을 입력하면 1쪽, 4쪽, 8, 9, 10쪽을 인쇄합니다.

本章小结

一、한 부씩 찍기, 역순 인쇄.

[한 부씩 찍기](逐份打印)항을 선택하면 여러 매를 인쇄를 할 때, 1-2-3, 1-2-3, 1-2-3 쪽의 순서로 인쇄합니다. 이 항목을 끄면, 1-1-1, 2-2-2, 3-3-3 쪽의 순서로 인쇄합니다.

[역순 인쇄](逆页序打印)

二、현재부터, 현재까지 활용.

인쇄 범위에서 [현재까지]를 선택하면 문서의 처음부터 커서가 있는 쪽까지 인쇄하고, [현재부터]를 선택하면 커서가 있는 쪽부터 문서의 마지막까지 인쇄합니다.

三、머리말, 꼬리말 자동 인쇄.

[인쇄]대화상자의 [확장]탭에서 머리말 내용, 꼬리말 내용을 선택하면 인쇄 페이지에 머리말, 꼬리말이 포함되어 인쇄됩니다.

四、인쇄 내용을 그림으로 저장하기.

[인쇄]대화상자의 [기본]탭 '프린터 선택' 항에서 '그림으로 저장하기'를 선택한 후 [인쇄]버튼을 클릭하면 그림 파일로 저장합니다.

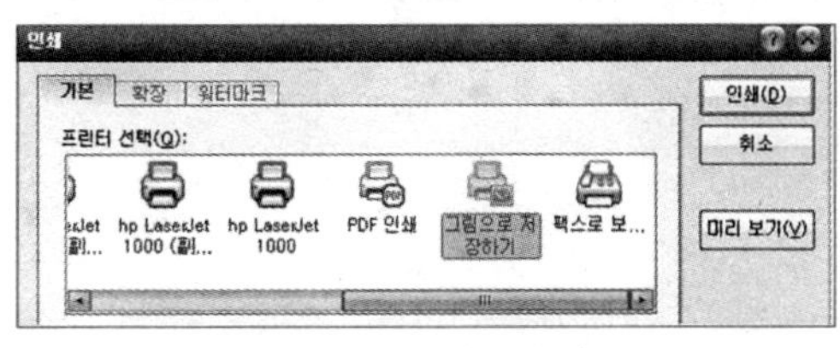

图 2-4-2 选打印机

练习题

一、预览已编辑的文章，设置打印参数。

打印范围 - 현재 문서，打印份数 -10.

二、打印稿保存成图片。

第五章 한자와 문자표로 문서 만들기

第一节 한글을 한자로 변환하기(韩国语翻译成汉语)

一、입력된 한글을 한자로 변환할 때는 [입력]-[한자입력]-[한자로 바꾸기] 메뉴를 선택하여 변환합니다.

예제:

1. 양식 파일-한자변환.hwp 이용하여 한자 변환을 완성합니다.

예제 파일을 열고 한자로 변환할 영역을 블록으로 지정한 후 [입력] -[한자입력]-[한자로 바꾸기]메뉴를 선택합니다.

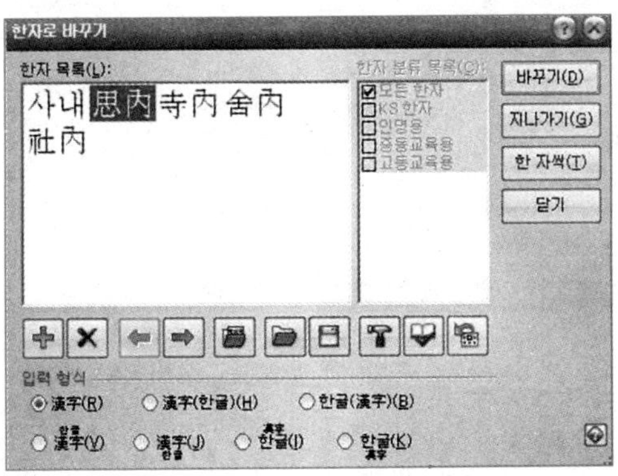

图 2-5-1 转换成汉语

2. [한자로 바꾸기] 대화상자의 한자 목록에서 맞는 한자

를 선택하고 [바꾸기] 버튼을 클릭합니다. 한자 변환이 필요하지 않은 단어나 조사 등은 한자 [지나가기] 버튼을 클릭해 한자 변환을 실행하지 않습니다.

二、자주 사용하는 단어 등록하기.

사용자의 이름이나 회사명 등의 고유 단어들은 한자 사전에 등록되어 있지 않습니다. 이런 고유 단어들을 한자 사전에 등록하여 사용할 수 있습니다.

1. 한자 단어 등록을 원하는 단어 뒤에 커서(光标)를 놓고 [입력]-[한자 입력]-[한자 단어 등록]메뉴를 선택합니다.

2. [한자 단어 등록] 대화상자의 '등록할 한자 단어' 항목에 등록할 단어가 자동 입력되어 있습니다. [한자로] 버튼을 클릭하여 한글을 한자로 변환하면 됩니다.

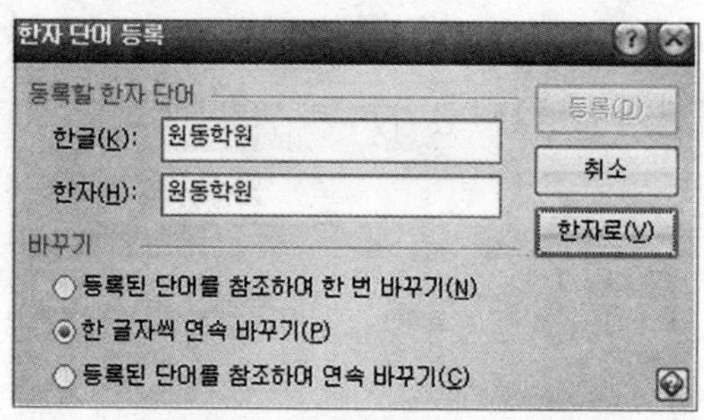

图 2-5-2　登记汉字

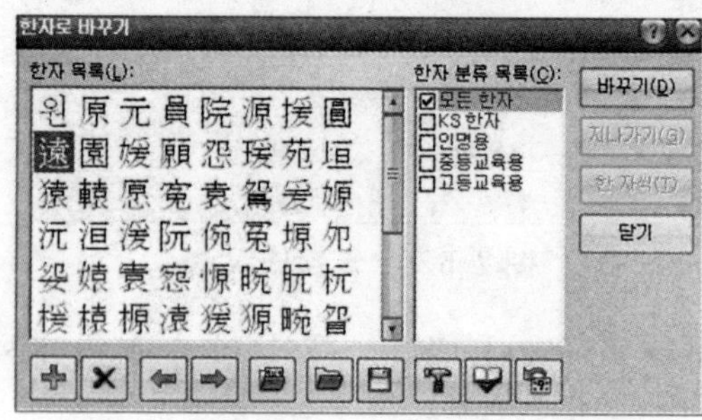

图 2-5-3　选择汉字

三、[한자로 바꾸기] 대화상자의 '한자 목록'에서 바꾸려는 한자를 선택하고 [바꾸기] 버튼을 클릭합니다. 동일한 방법으로 마지막 한글까지 한자로 변환합니다.

四、단어를 모두 해당하는 한자로 지정하면 [한자 단어 등록] 대화상자가 다시 표시됩니다. '한자'항목에는 한자가 표시되어 있습니다. [등록] 버튼을 클릭해 사용자 등록을 합니다.

第二节 특수 문자 입력 (输入特殊符号)

도형이나 원문자, 단위 등 키보드에서 직접 입력할 수 없는 특수문자는 [문자표]를 이용하여 입력할 수 있습니다.

一、특수문자를 삽입할 위치에 커서를 놓고 [입력]—[문자표] 혹은 단축키 [Ctrl+F10]를 이용하여 문자표 대화상자를 실행합니다.

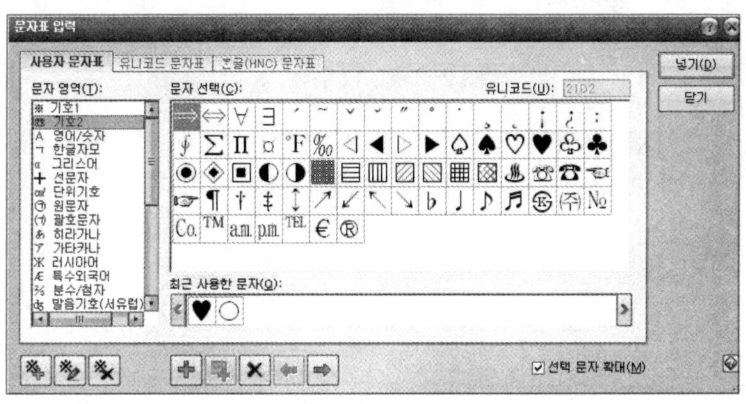

图 2-5-4 特殊符号

二、[문자표 입력] 대화상자에서 입력할 특수 문자를 선택하고 [넣기] 버튼을 누르거나 선택한 특수문자를 더블 클릭(双击)하여 문서에 삽입합니다.

第三节 한자 새김으로 입력하기(使用音和意输入汉字)

한자 새김(뜻과 음 - 音和意)기능을 이용하여 알고 있는 한자를 입력합니다.

一、한자를 입력할 위치에 커서를 놓고 [입력]-[한자입력]-[한자 새김 입력] 메뉴를 선택합니다.

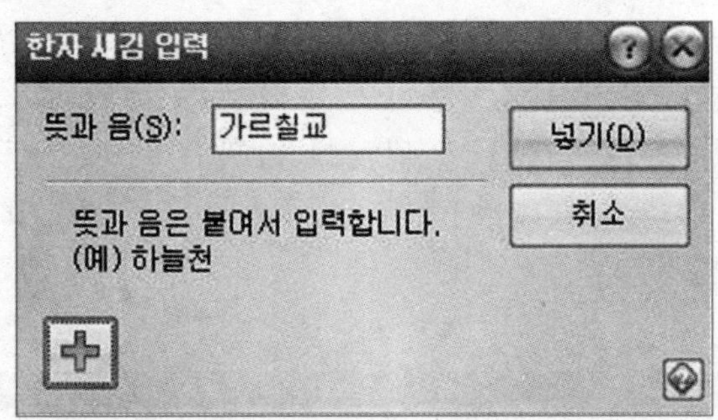

图 2-5-5 汉字输入

二、[한자 새김 입력] 대화상자에서 "뜻과 음" 항목에 '가르칠교'라고 입력한 후 [넣기] 버튼을 클릭합니다.

第四节 한자를 한글로 바꾸기(汉语翻译成韩国语)

입력되어 있는 한자를 한글로 바꿀 때는 한자를 블록으로 설정한 후 '한글로 바꾸기'를 실행합니다.

一、한글로 바꾸고자 하는 부분을 블록으로 설정한 후 [편집]-[한글로 바꾸기] 메뉴를 선택합니다.

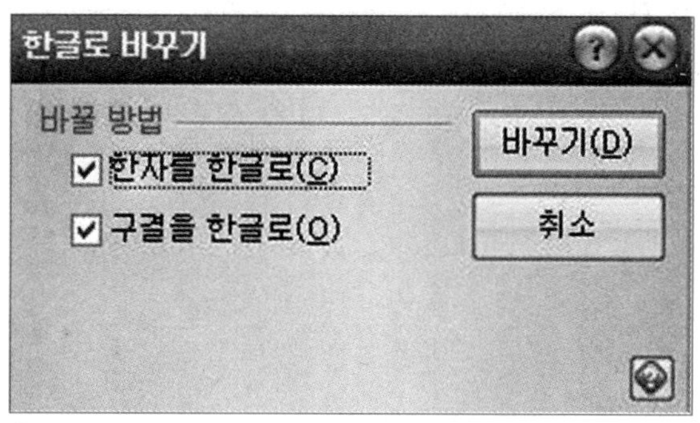

图 2-5-6 转换成韩国语

二、[한글로 바꾸기] 대화상자가 나타나면 '한자를 한글로' 항목을 선택한 후 [바꾸기] 버튼을 클릭합니다.

三、블록으로 설정된 내용 가운데 한자로 된 모든 글자가 한글로 바뀝니다.

本章小结

一、한글을 한자로 변환할 때는 단축키(快捷键) F9를 활용하여 변환할 수 있습니다.

二、한자 사전에는 자주 사용되는 한자 단어들이 이미 등록되어 있어 한자를 입력하는 것이 매우 편리합니다.

练习题

一、把下例句子翻译成汉语。

1. 지식은 힘이다.

2. 지피지기 백전백승.

二、한자 등록(汉字登记).

[서울대학]翻译后注册到Hungul软件里的한자 단어 등록项。

三、새김 입력으로 한자를 입력하세요.

1. 하늘천.

2. 글자자.

第六章 그리기 도구로 문서 만들기

第一节 여러 가지 도형 그리기(画出各种图形)

[그리기] 도구 상자의 직선, 직사각형, 타원 등 다양한 도형을 그릴 수 있는 도구를 이용하여 원하는 도형을 그릴 수 있습니다.

一、[그리기] 도구 상자에서 '타원 그리기' 아이콘을 누르고 편집 화면에서 원하는 크기만큼 드래그(拖拽)하여 타원을 삽입합니다. Ctrl 누른 채 타원을 드래그(拖拽)하면 선택된 개체가 복사됩니다.

二、직선 또는 다각형 개체를 그릴 때 Shift 누르면 15도 단위로 기울어진 선을 그릴 수 있다.

三、개체 선택하기.

문서에 삽입한 도형을 클릭하면 개체 주위에 "□"모양의 크기 조절점이 나타나 여러 개가 겹쳐진 도형에서 쉽게 현재 선택된 개체를 구분할 수 있습니다.

第二节 선 모양과 면 색으로 꾸미기(设置图形属性)

[개체속성]을 이용하여 선 모양과 채우기 색, 크기 위치 등을 지정할 수 있으며 도형의 순서와 정렬 방법을 지정하여 원하는 형태로 편집할 수도 있습니다.

一、[입력]-[개체속성] 혹은 개체를 더블 클릭하여 개체속성 대화상자를 실행할 수 있습니다.

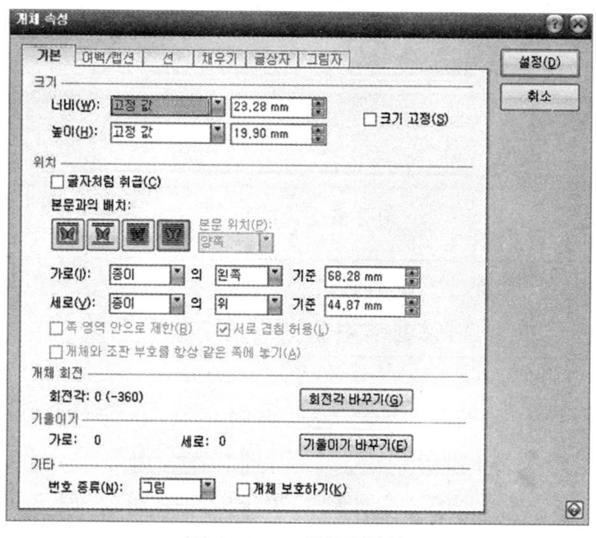

图 2-6-1 图形属性

1. 타원을 선택하고 도형위에서 마우스 오른쪽 버튼을 클릭해 [개체속성] 메뉴를 클릭합니다.

2. [개체 속성] 대화상자의 [선] 탭에서 '색팔레트'(调色板)를 펼쳐 선 색상을 선택하고 '굵기'(粗细)를 0.70mm으로 지정한 다음 [설정] 버튼을 클릭합니다.

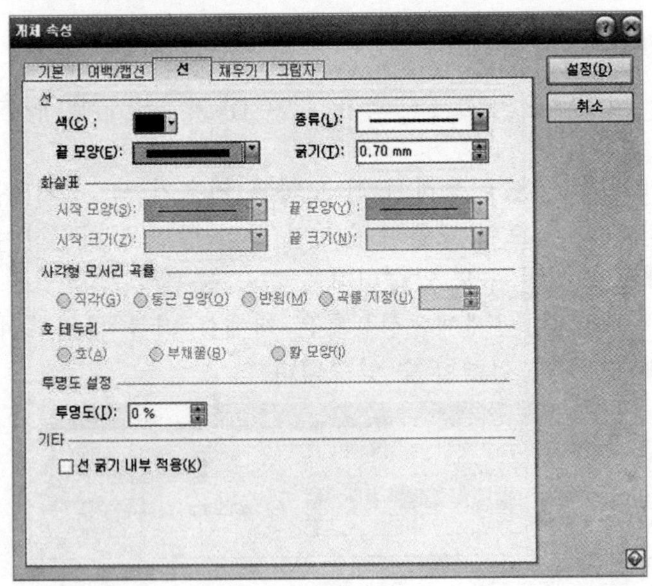

图 2-6-2 线标签

※ 선 탭은 선 모양과 색상 이외에 사각형 모서리와 회전, 기울기 등 다양한 옵션을 지정할수 있습니다.

3. 삼각형 개체를 더블 클릭하여 [개체 속성] 대화상자의 [채우기] 탭을 실행합니다. '그러데이션' 항목을 클릭한 다음 '시작 색'과 '끝 색'을 지정하고 '가운데에서'유형을 선택하고 '원형' 버튼을 클릭합니다.

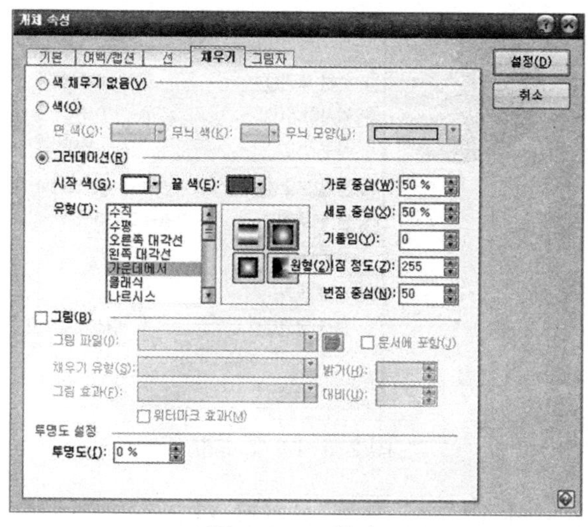

图 2-6-3 填充

4. [선] 탭의 선 '종류'목록에서 '선 없음'을 선택 지정하고 [설정] 버튼을 클릭합니다.

5. 여러개의 겹쳐진 도형 선택시 [Alt+마우스 왼쪽 버튼]을 클릭하여 개체들이 차례로 선택됩니다.

第三节 글상자로 전환하기(图形转换成文本框)

문서에 삽입된 그리기 개체는 개체 안에 문자를 입력할 수 있는 글상자(文本框)로 변환할 수 있습니다.

一、글상자로 전환 할 개체위에 마우스 오른쪽 버튼을 클릭하고 [글상자로] 메뉴를 선택합니다.

二、커서가 도형 안으로 이동하며 문자 입력 상태로 바뀌면 내용을 입력합니다.

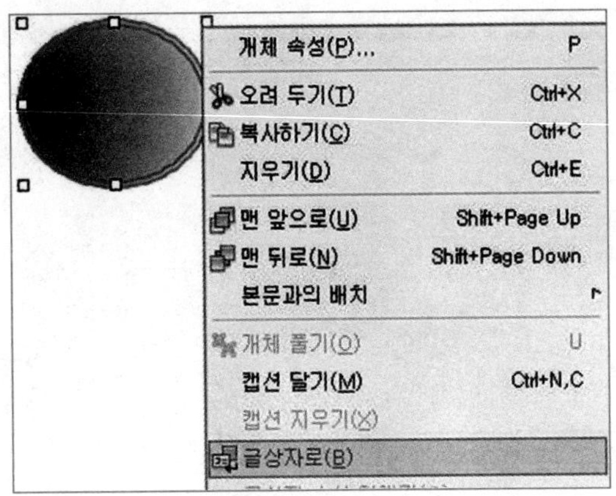

图 2-6-4 文本框

三、입력한 내용을 블록 설정한 다음 '글자 모양' 아이콘을 클릭하여 [글자 모양] 대화상자를 실행합니다.

글자 크기 20pt, 속성-외곽선 등 글자 속성을 지정한 후 [설정] 버튼을 클릭합니다.

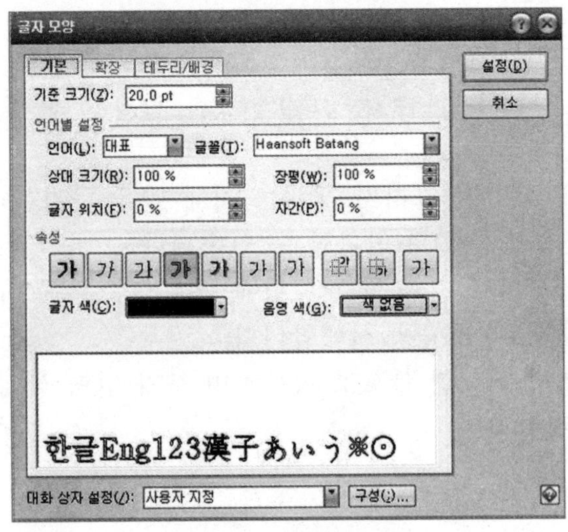

图 2-6-5 字体格式

第四节 도형 선택 및 그룹으로 묶기(组合图形)

여러 개의 개체를 그룹으로 묶으(组合)면 하나의 개체로 인식되어 이동 또는 선택등 관리가 편해집니다.

一、[그리기] 도구 상자에서 '개체 선택' 아이콘을 클릭하고 삼각형 개체들이 포함되도록 외곽 영역을 드래그합니다.

> ※ 개체 선택 상태를 헤제하려면 '개체 선택' 아이콘을 다시 한번 클릭하거나, ESC를 누르면 개체 선택 상태가 해제됩니다.

二、개체를 그룹으로 묶기、풀기.

여러개의 개체를 하나의 개체로 만들어 편리하게 사용하기 위하여 하나의 개체로 묶습니다.

1. 여러개의 개체를 선택한 후 '개체 묶기' 아이콘을 클릭합니다. 개체 주위에 8개의 조절점이 표시되며 선택된 개체들이 하나의 개체로 만들어 졌습니다.

2. '개체 풀기' 아이콘을 이용하여 하나로 된 개체를 풀어(取消组合)줍니다.

本章小结

一、그리기 글상자 만들기.

[글상자]는 직사각형 도형 안에 문자열을 입력할 수 있는 그리기 개체로 다단 문서에서 제목글을 작성할 때나 본문에서 박스형의 제목글이나 요약글을 넣을 때 주로 사용합니다.

二、[그리기] 도구 상자의 '글상자' 아이콘을 클릭하여 글상자를 삽입한 후 마우스 오른쪽 버튼을 클릭해 [개체 속성] 메뉴를 선택합니다.

三、글상자 [개체 속성] 대화상자의 [글상자] 탭에서 '세로쓰기'항목을 클릭한 후 '영문 눕힘'을 확인하고 [설정] 버튼을 클릭합니다.

1. 세로 정렬.

2. 세로 쓰기.

3. 한줄로 입력 : 입력된 내용이 글상자 너비보다 커도 다음 줄로 넘어가지 않고 한줄에 모두 입력됩니다.

4. 커서의 방향이 바뀌며 문자가 세로 방향으로 입력됩니다.

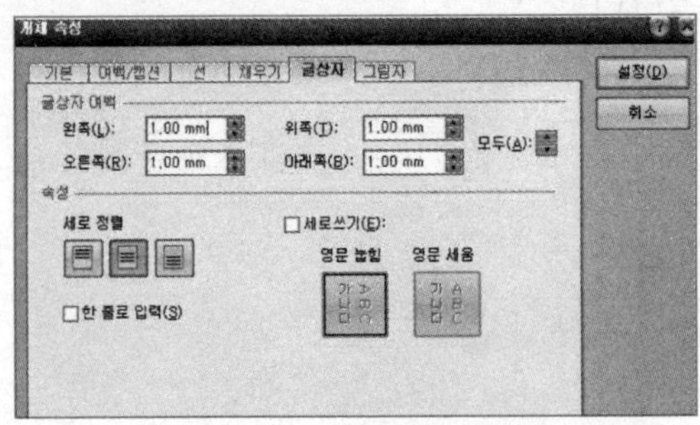

图 2-6-6　文本框属性

练习题

一、使用画图工具栏，画出下列图形。

1. 椭圆。

2. 直线。

3. 多边形图形。

二、设置图形颜色、边框线等。

1. 본문과의 배치-어울림.

2. 글자처럼 취급(图形当作文章内容，其属性根据文章格式变化而改变).

3. 쪽 영역안으로 제한(防止图形位于页面之外).

4. [선]标签：색-选一种颜色；종류-选线；굵기(粗细)-0.12mm；[채우기]标签：그러데이션 유형-나르시스 선택.

三、使用图形制作文本框。

1. 输入'한글 컴퓨터 학과'.

2. 对齐方式-居中。

3. 设置页边距。

四、도형 묶기, 풀기(组合、拆分图形).

1. 使用Shift+单击左键选中多个图形。

2. 组合图形。

3. 拆分图形。

五、使用图形工具栏的旋转功能，旋转图形。

1. 90度为单位旋转。

2. 상하회전(上下旋转).

3. 좌우회전(左右旋转).

第七章 그리기 마당 섭렵하기

第一节 그리기 조각 삽입하기（插入剪贴画）

그리기 마당에 들어있는 각각의 그리기 파일을 '그리기 조각'이라 하며 그리기 조각을 종류별로 모아 놓은 것을 '꾸러미'라고 합니다.

一、[그리기] 도구 상자의 '그리기 마당' 아이콘을 클릭하고 [그리기 마당] 대화상자에서 [그리기 조각] 탭을 선택합니다. '선택할 꾸러미' 목록에서 삽입할 조각을 선택한 후 편집창에 마우스를 드래그 하여 그리기 조각을 삽입합니다.

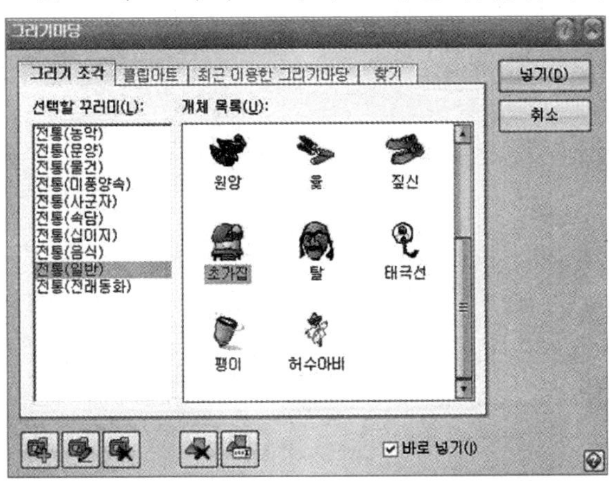

图 2-7-1 剪贴画

※ 그림 삽입시 Shift를 누른채 마우스를 끌면 가/세로 같은 비율을 유지합니다.

二、외부 파일을 그리기 마당에 등록하기

사용자가 작성한 그림이나 외부 그림 파일도 그리기 마당에 등록할 수 있습니다.

图 2-7-2　登记剪贴画

1. 추가할 그림 위에 마우스 오른쪽 버튼을 클릭하고 [그리기 마당에 등록] 메뉴를 선택합니다.

2. 외부에서 작성된 그림은 클립아트(剪贴画)에 등록되고 그리기 개체로 작성한 그림은 그리기 조각에 등록됩니다.

第二节　그리기 조각을 그림으로 저장하기 (剪贴画保存成图片)

한글에서는 직접 그린 그리기 개체나 글맵시, 수식 등의 개체를 그림 파일로 저장할 수 있습니다.

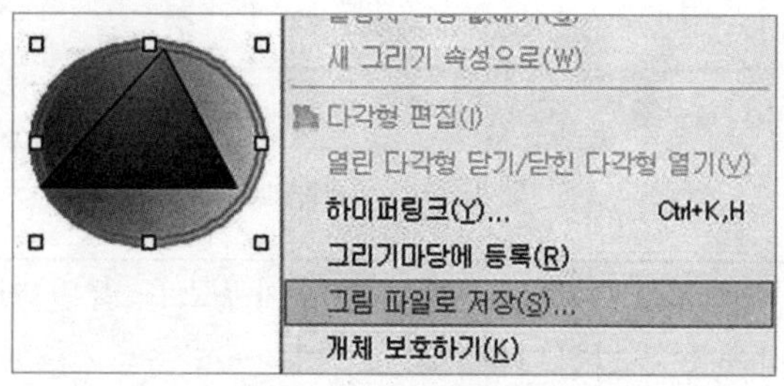

图 2-7-3　保存为图片

第三节 그리기 개체 순서 바꾸기(调整图形顺序)

여러 개의 개체를 겹쳐 그릴 경우 맨 마지막에 그린 개체가 맨 위에 놓이게 되어 맨 처음 그린 개체는 가려져 보이지 않습니다. 그리기 도구 상자의 순서 지정 아이콘을 이용하면 개체의 순서를 자유롭게 지정할 수 있습니다.

一、그리기 개체를 선택하고 [그리기 도구 상자]-[순서 바꾸기] 메뉴에서 원하는 항목을 지정합니다.

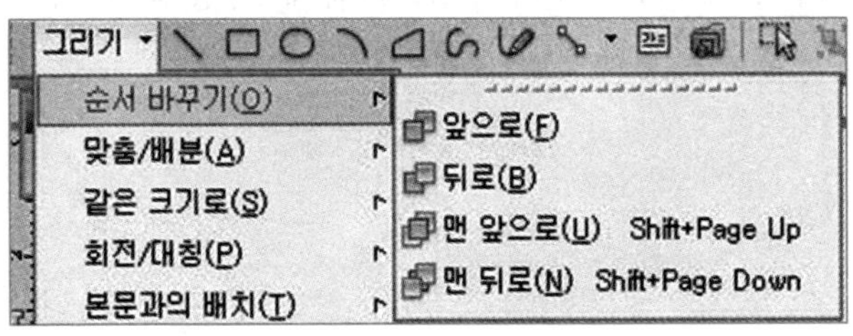

图 2-7-4 图形顺序

二、그리기 개체가 지정한 위치로 이동합니다.

本章小结

一、[그리기 마당] 대화상자에서 '바로넣기'를 선택하면 대화상자가 실행된 상태에서 편집 화면을 드래그하여 여러 개의 그리기 조각을 연속하여 삽입할 수 있습니다.

二、외부에서 작성된 그림 파일은 [그리기 마당] 대화상자의 '클립아트'(剪贴画) 탭에 저장되고, 한글에서 그리기 개체로 작성한 그리기 개체는 '그리기 조각'탭에 저장됩니다.

练习题

一、[그리기 마당]을 이용하여 그리기 조각을 입력하세요.

二、외부에서 그림을 삽입하고 그리기 마당에 등록하세요.

第八章 그래픽 문서 디자인하기

第一节 글맵시로 그래픽 문자 만들기(艺术字的使用)

글맵시(艺术字)는 여러 가지 효과를 적용하여 그림 문자를 만드는 것으로 글자 모양으로 작성한 일반 문자와 달리 더욱 시각적인 효과를 얻을 수 있습니다.

一、글맵시를 삽입할 문서에서 [입력]-[개체]-[글맵시] 메뉴를 선택합니다.

二、[글맵시 개체 만들기] 대화상자에서 내용을 입력하고 '글꼴'목록에서 적용할 글꼴을 선택합니다. '글자 모양' 버튼을 눌러 글맵시 글자 모양을 선택합니다.

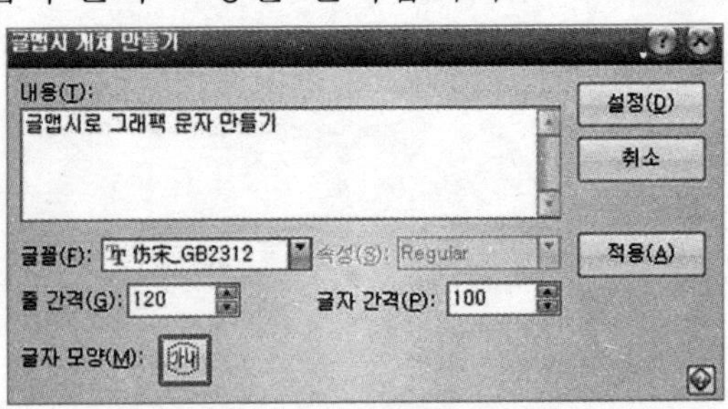

图 2-8-1 艺术字

三、[글맵시 개체] 도구 상자에서 '면색' 아이콘을 누르고 색상 팔레트에서 글맵시에 적용할 색상을 선택합니다.

四、글맵시 도구상자의 '개체 회전'(对象旋转) 아이콘을 누르고 글맵시 주위에 나타난 회전 조절점을 이용하여 글맵시를

회전 합니다. Ctrl을 누른채 드래그하면 15도 각도 단위로 개체를 정확하게 회전할 수 있습니다.

图 2-8-2　旋转艺术字

第二节 글맵시 화려하게 변신하기(设置艺术字格式)

글맵시 [개체 속성] 대화상자를 이용하여 글맵시의 면색, 그림자, 모양, 회전 등 다양한 속성을 세부적으로 설정할 수 있습니다.

一、글맵시 위에서 마우스 오른쪽 버튼을 클릭하고 [개체 속성] 메뉴를 선택합니다.

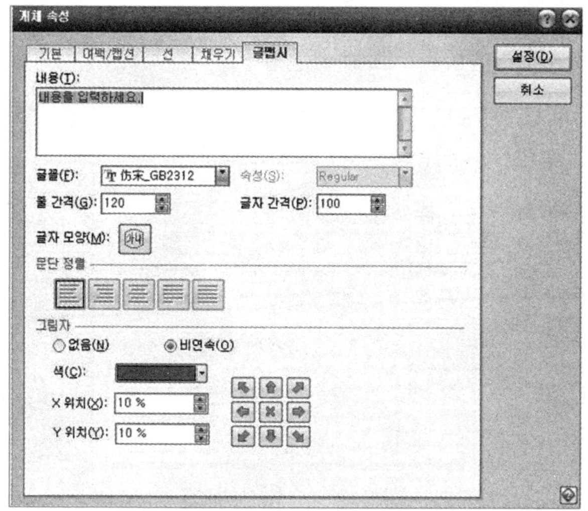

图 2-8-3　艺术字属性

二、[개체 속성] 대화상자의 [글맵시] 탭에서 글맵시의 내용, 글꼴 글자 모양, 문단 정렬, 그림자 등 항목을 설정할 수 있습니다.

三、[개체 속성] 대화상자의 [채우기] 탭에서 글맵시 색상을 지정하고 [기본] 탭에서 글맵시의 위치를 지정합니다.

1. [채우기] 탭: '그러데이션' 항목을 클릭한 후 '시작 색'과 '끝 색'을 지정하거나 '유형' 항목에서 이미로 선택합니다.

2. [기본] 탭: '위치' 항목에서 '가로'- 종이를 선택하고 "쪽 영역 안으로 제한" 항목을 해제합니다.

> ※ "쪽 영역 안으로 제한" : 개체가 문서밖으로 벗어나가는 것을 막아 줍니다

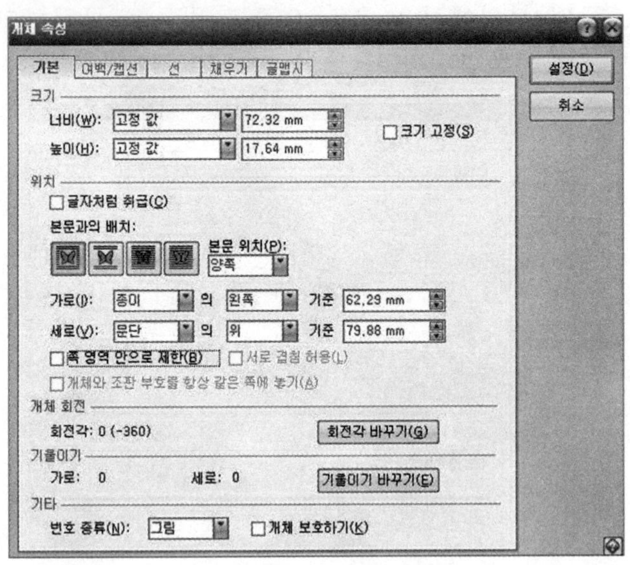

图 2-8-4 常规标签

第三节 그림으로 문서에 날개 달기(插入图片)

一、그림을 삽입할 문서에서 [입력]-[개체]-[그림] 메뉴를 선택합니다. [그림 넣기] 대화상자에서 그림이 저장된 폴더(文件夹)로 이동한후 삽입할 파일을 선택하고 [열기] 버튼을 클릭합니다.

二、선택한 그림이 문서 너비보다 크면 그림을 선택하고 그림 주위에 나타난 크기 조절점을 드래그하여 그림 크기를 조절합니다.

三、그림에서 불필요한 부분이 있을 경우 '자르기' (剪切)아이콘을 이용하여 그림을 잘라냅니다.

四、그림 선 모양을 지정하기 위해 그림 도구 상자에서 '개체 속성' 아이 콘을 클릭합니다. [개체 속성] 대화상자의 [선] 탭에서 그림 주위에 선 테두리를 삽입합니다. 선 종류는'실선','굵기'는 0.01mm로 지정하고 [설정] 버튼을 클릭합니다.

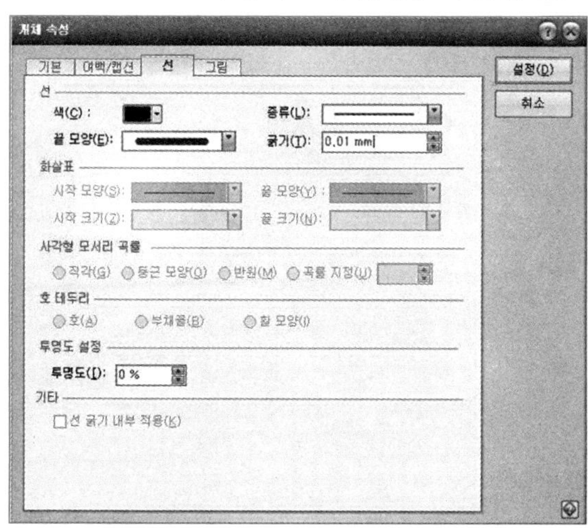

图 2-8-5 线属性

五、[기본] 탭에서 본문과의 위치를 지정합니다.

图 2-8-6　与文本的对齐方式

四种对齐方式

1. 어울림.
2. 자리 차지.
3. 글 뒤로.
4. 글 앞으로.

本章小结

一、글자와 그림사이 여백 지정하기.

그림의 [개체 속성] 대화상자를 실행하여 [여백/캡션] 탭에서 위, 아래, 오른쪽, 왼쪽 여백을 지정하면 그림과 글자 사이의 간격을 지정할 수 있습니다.

二、그림 정보 확인하기.

[파일]-[문서 정보] 메뉴를 선택하여 [문서 정보] 대화상자를 실행합니다. '그림 정보' 탭에서 현재 문서의 파일이 삽입된 것인지 연결된 것인지를 확인할 수 있습니다.

练习题

一、插入艺术字。

1. 艺术字内容 - 任选。

2. 글자 모양 - 任选。

3. 글맵시 그림자 설정 .

二、旋转艺术字 90 度后拖拽到文章右侧。

第九章 문서 작업의 표 기능

第一节 표 만들어 크기 조절하기 (制作表格)

표(表格)를 만들 때는 [표] 메뉴나 '표 만들기' 아이콘을 이용합니다. 작성한 표는 표 전체 크기뿐만 아니라 줄 단위, 칸 단위 또는 셀 단위로 마우스와 키보드를 이용하여 각각의 크기를 조절할 수 있습니다.

一、빈 문서에서 [표]-[표 만들기] 메뉴를 선택합니다.

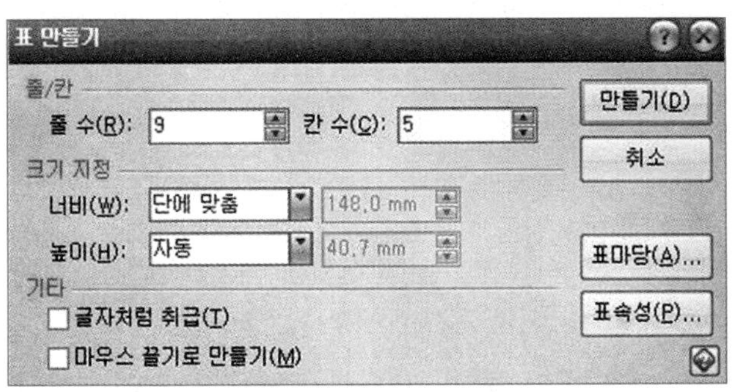

图 2-9-1 制作表格

二、[표 만들기] 대화상자에 '줄 수'-9, '칸 수'-4를 입력하고 '글자처럼 취급' 항목을 체크 표시한 후 만들기 버튼을 클릭합니다.

三、'9줄4칸' 크기의 표가 삽입됩니다. 표 크기를 늘이기 위해서 커서를 표 안에 놓고 키보드(键盘)의 F5를 세 번 눌러 표 전체를 블록 설정합니다. 마우스 포인트를 마지막 줄의 가로 셀

경계선 위로 이동하고 셀 경계선을 클릭한 채 아래로 드래그하여 셀 높이와 표 높이를 늘입니다.

四、셀 블록 지정하기(选择单元格)

1. F5: 1번 누를 때 커서가 위치한 현재 셀을 블록(选取) 지정합니다.

2. F5: 2번 누를 때 방향키를 눌러 커서가 지나간 셀을 블록 지정합니다.

3. F5: 3번 누를때 표 전체를 블록 지정합니다.

4. F5+ F8: 누르면 가로 줄 전체를 블록 지정합니다.

5. F5+ F7: 누르면 세로 줄 전체를 블록 지정합니다.

※ Ctrl 누른채 가로 또는 세로 경계선을 드래그 하면 셀의 너비 또는 높이와 함께 표 크기가 조절됩니다.

第二节 셀 합치기와 나누기(合并、拆分单元格)

자료의 내용과 항목에 따라 셀과 셀을 하나로 합치거나 하나의 셀을 여러 개의 줄과 칸으로 나눠 표 모양을 원하는 대로 만듭니다.

一、두 개의 셀을 마우스를 이용하여 셀 블록을 지정합니다.표 도구상자에서 '셀 합치기' 아이콘을 클릭하면 블록 지정한 셀들이 하나로 합쳐집니다. (단축키 : M)

二、[표] 도구 상자의 '셀 나누기' 와 '셀 줄로 나누기' 아이콘을 이용하여 하나 또는 블록 지정한 여러 개의 셀을 줄과 칸 단위로 나눌 수 있습니다.

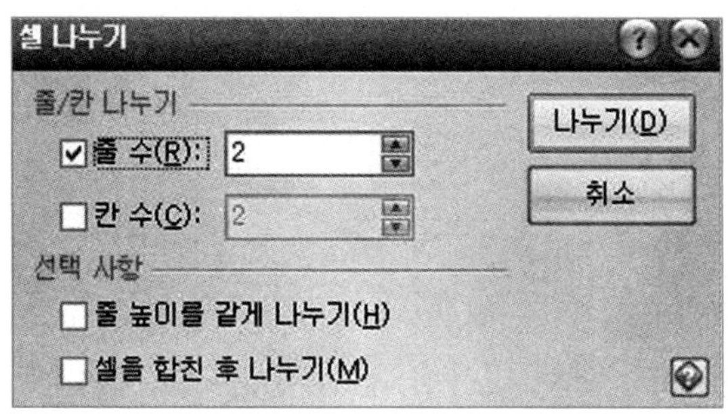

图 2-9-2　拆分单元格

第三节 줄 칸 추가와 삭제로 표 다듬기 (增加、删除行或列)

一、[표] 도구 상자의 '칸 지우기' 아이콘을 클릭합니다. 커서가 놓여 있던 칸이 삭제됩니다.

二、 셀 안에 커서를 놓고 [표]-[줄/칸 추가하기] 메뉴를 선택하여 줄/칸을 추가할 수 있습니다.

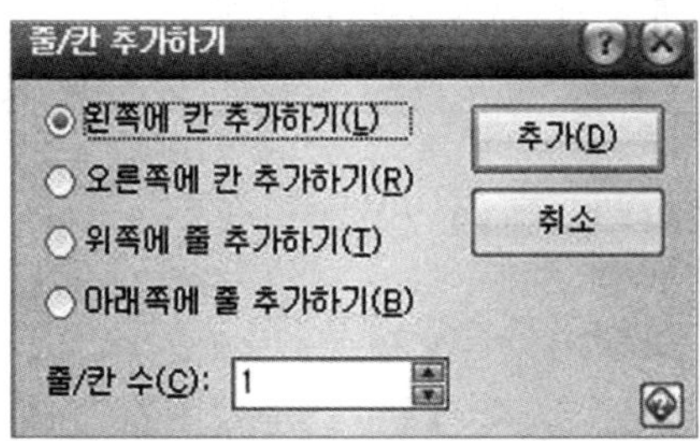

图 2-9-3　增加行或列

> ※ 최대 63개의 줄/칸을 추가할 수 있습니다.
>
> ※ 표 마지막 셀에서 Tab나 Ctrl+Enter 눌러도 새로운 줄이 추가 됩니다.

第四节 표 내용 자동으로 채우기(自动填充表格内容)

'표 자동 채우기'는 셀 안에 입력된 내용의 규칙을 찾아 나머지 셀 안에 자동으로 내용을 채워 주는 기능입니다.

一、양식 파일 '각종근로소득세' 파일에서 '계'아래 셀에 '1월', '2월'을 차례로 입력합니다.

二、내용이 입력된 셀을 포함하여 셀들을 블록 설정한 후 [표]-[자동 채우기]-[자동 채우기] 메뉴를 선택합니다.

第五节 텍스트를 표로, 표를 텍스트로 자유롭게 변환하기(文章和表格的互换)

一、표로 변환할 텍스트를 블록 설정한 후 [표]-[문자열을 표로] 메뉴를 선택합니다(文本转换成表格).

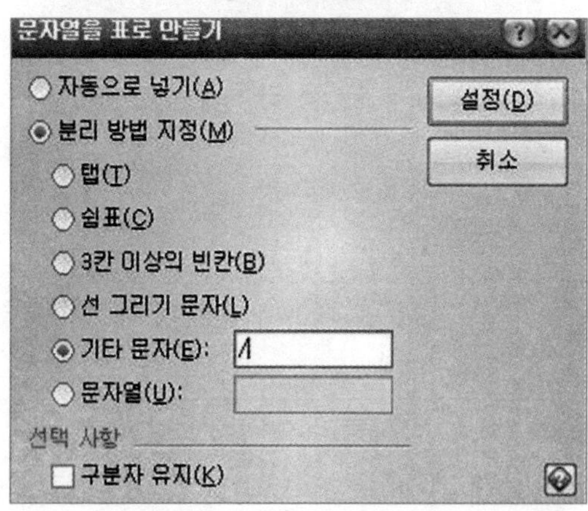

图 2-9-4 分离方法

二、[문자열을 표로 만들기] 대화상자에서 '분리 방법 지정'항목을 선택한 다음 '기타 문자' 목록에 '/'를 입력하여 칸을 구분할 구분자를 지정한 후 [설정] 버튼을 클릭합니다.

※ [분리방법]:표로 변환할 때 Enter를 누른 곳은 줄로 구분하며 Tab나 쉼표(,) 등의 구분자나 사용자가 지정한 기호와 문자가 입력된 곳은 칸을 나누어 변환합니다.

三、지정한 '/' 위치를 기준으로 칸으로 나누어진 표가 만들어 집니다. 셀 경계선을 드래그(拖拽)하여 셀 너비와 높이를 조절하여 표 모양을 완성합니다.

四、텍스트로 변환할 표 안에 커서를 놓고 [표]-[표를 문자열로] 메뉴를 선택합니다(表格转换成文本).

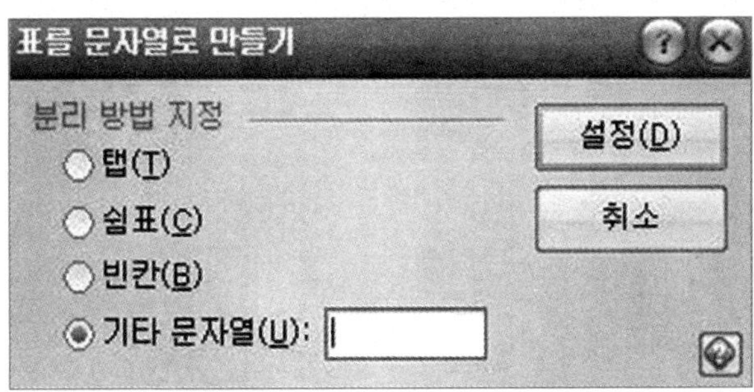

图 2-9-5 表格转换为文章

五、'기타 문자열'을 클릭하고 '-' 기호를 입력한 후 설정 버튼을 클릭합니다. 표의 줄은 Enter로 칸은 '-'로 나누어진 문자열로 변환된 것을 확인할 수 있습니다.

本章小结

一、표 뒤집기(翻转表格).

"표 뒤집기"는 표를 줄이나 또는 줄/칸 단위로 90도 회전 또는 대칭으로 모두 뒤집어 복잡한 표 편집 과정을 거치지 않고 한번에 표 모양을 바꾸는 기능입니다.

1. 표 안에 커서를 놓고 [표]-[표 뒤집기] 메뉴를 선택합니다.

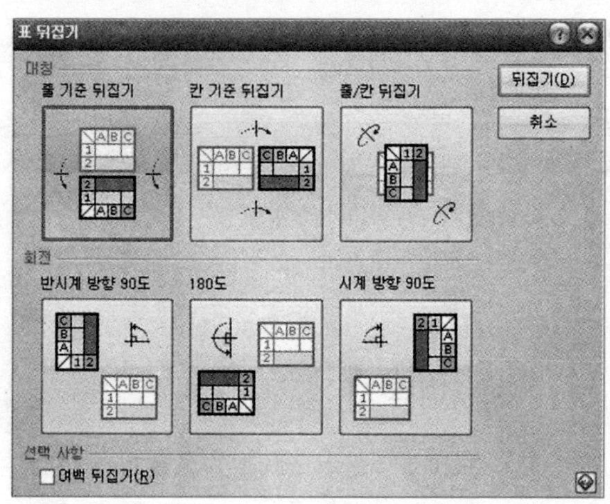

图 2-9-6　翻转表格

2. '줄/칸 뒤집기'를 선택한 후 뒤집기 버튼을 클릭합니다.

> ※ 표 속성에서 '크기 고정'이나 '개체보호'를 지정하였을 경우 표 뒤집기를 실행할 수 없습니다.

3. 줄과 칸이 뒤바뀐 모양의 표로 바뀝니다. [모양]-[편집 용지]메뉴를 선택하고 '용지 방향'항목에서 '넓게'를 지정하고 [설정]버튼을 클릭합니다.

练习题

一、制作表格。

줄수(行数) 8, 칸수(列数) ：8.

二、合并、拆分单元格。

合并第一行后分为两列。

三、删除行或列。

删除第八列。

四、自动填充表格内容(표 자동 채우기)。

表格第二行自动填充 - 월요일, 화요일…일요일.

五、转换表的结构(표 뒤집기)。

줄/칸 뒤집기를 사용하여 표를 뒤집기.

六、制作一下表格并转换为文章(표를 문자열로)。

순위	도서명	출판년도	판매량
1	반지제왕	1954	1억권
2	기네스	1955	9억권
3	세계연감	1868	9천만권

第十章 표 활용하기

第一节 셀 음영색과 테두리 모양 바꾸기 (设置表的边距和背景)

표를 이루는 각 셀마다 또는 줄/칸 단위로 면 색과 테두리 선 모양, 색상 등을 지정할 수 있습니다.

一、셀 테두리를 지정할 셀 안에 커서를 놓고 [표] 도구 상자의 '셀테두리 모양'에서 이중 실선을 선택한 후 '표 그리기' 아이콘을 클릭합니다.

二、셀 이중실선 그리기.

1. 마우스 포인터가 연필 모양으로 바뀌면 표 그리기 상태가 됩니다. 이중 실선 모양을 적용할 셀 경계선 위에 마우스 왼쪽 버튼을 누른 채 드래그하여 선 모양을 그려 넣습니다.

2. 마우스 버튼을 놓으면 드래그한 셀 경계선이 이중 실선 모양으로 바뀝니다.

※ 표 그리기 상태 해제하기

ESC 또는 '표 그리기' 아이콘을 다시 클릭하여 표 그리기 상태를 해제합니다.

三、표에서 F5를 세 번 눌러 표 전체를 블록 설정한 다음 '셀 테두리/배경(각 셀마다 적용)' 아이콘을 클릭합니다.

四、[셀 테두리/배경]대화상자의 [테두리] 탭을 선택하고

테두리의 '종류' - 실선, '굵기' - 0.7mm, '색상' - '임의의 색상'을 지정합니다.

> ※ 셀 배경색 지정하기
>
> 선 모양과 셀 배경은 현재 커서가 놓인 곳 또는 블록 설정된 곳에 지정할 수 있습니다.

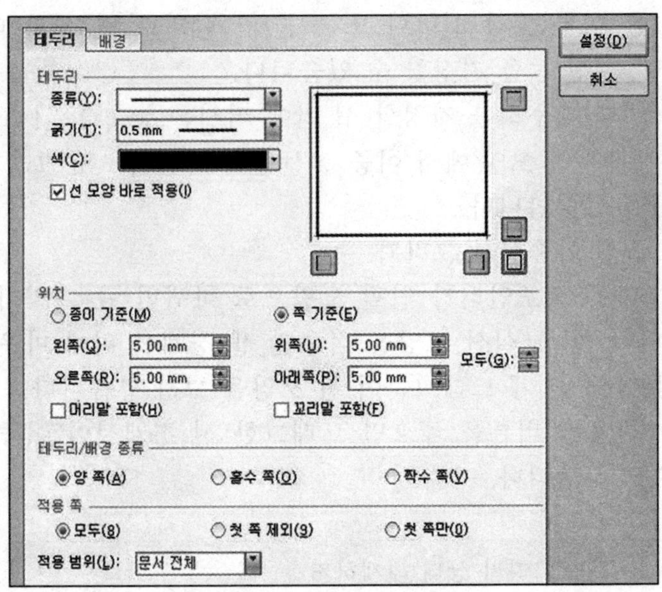

图 2-10-1 设置表格边框

第二节 셀 배경 그림 지정하기(设置表的背景图片)

셀 또는 표 배경으로 단일 색상 이외에도 그러데이션이나 그림을 지정할 수 있습니다.

一、배경 그림을 지정할 셀을 블록 설정하고 [표]-[셀 테두리/배경]-[여러 셀에 걸쳐 적용] 메뉴를 선택합니다.

二、[셀 테두리/배경] 대화상자에서 [배경] 탭을 선택하고 '그림' 항목을 클릭합니다. [그림 넣기] 대화상자에서 배경 그림을 선택하고 [열기] 버튼을 클릭합니다.

1. 그림 파일을 문서에 포함하기-그림 파일이 문서 파일과 함께 저장됩니다.

2. 셀 배경 그림 삭제하기-그림 항목의 선택을 해제하면 됩니다.

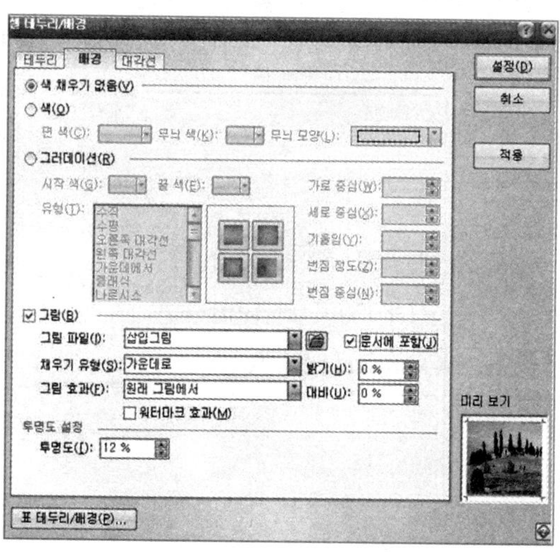

图 2-10-2 设置表格背景

三、'채우기 유형'목록에서 '가운데로'를 선택하고 '밝기'-50%를 지정한 후 [설정] 버튼을 클릭합니다. 키보드의 ESC를 눌러 셀블록 설정을 해제하면 선택한 그림이 셀 배경으로 지정된 것을 확인할 수 있습니다.

第三节 표 계산(表计算)

한글에서는 통계 자료에 따라 평균이나 합계 등의 계산 결과를 자동으로 구해줍니다.

一、데이터가 입력된 셀과 결과값이 입력될 셀을 모두 블록으로 설정한 후 [표]-[블록 계산식]-[블록 곱] 메뉴를 선택합니다.

二、마지막 빈 셀에 계산된 결과 값이 자동으로 입력됩니다.

三、동일한 계산에 의한 결과 값을 구할 때 수치 데이터가 입력된 셀과 함께 결과값이 입력될 빈 셀을 모두 블록 설정한 다음 [표]-[블록 계산식]-[블록 합계] 메뉴를 선택합니다.

※단축키
블록 합계(合计) Ctr+ Shift+ S
블록 평균(平均) Ctr+ Shift+ A
블록 곱(乘) Ctrl+ Shift+ P

第四节 표로 차트 만들기(制作图表)

차트(图表)는 자료의 변화를 한눈에 알아보기 쉽게 그래프로 만든 것입니다.한글에서는 표 전체 데이터 또는 셀 블록으로 지정한 표의 일부분을 이용하여 차트로 만들 수 있습니다.

一、표에서 차트로 작성할 셀을 블록 설정한 다음 [표]-[차트 만들기] 메뉴를 선택합니다.

二、차트 위에서 마우스 오른쪽 버튼을 클릭하고 [차트 마법사] 메뉴를 선택하고 클릭합니다.

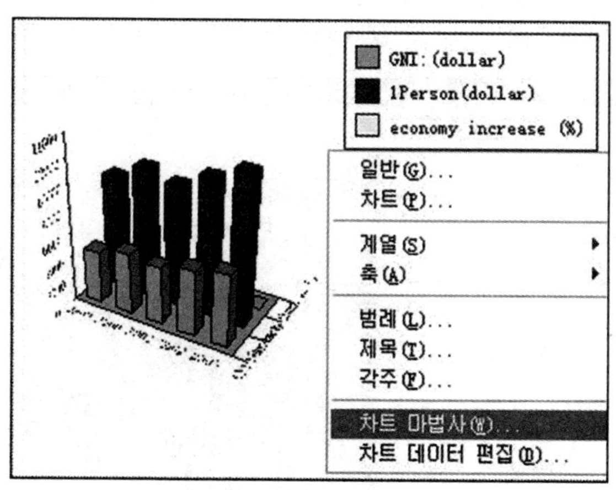

图 2-10-3 图表

三、차트모양 지정하기.

1. [차트 마법사] 대화상자에서 차트 모양을 선택합니다.

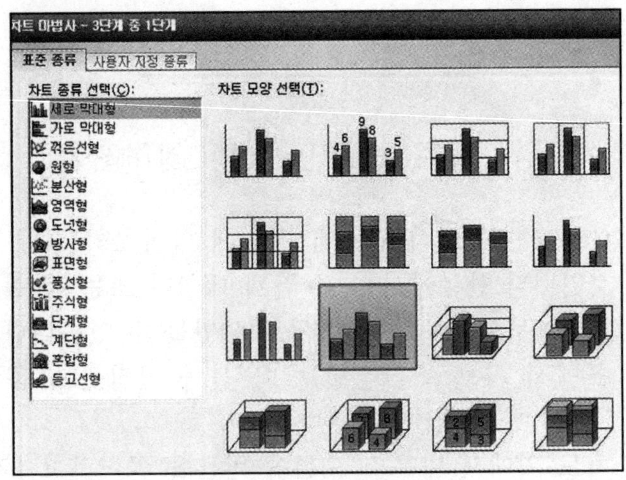

图 2-10-4　图表类型

2. [차트 마법사] 대화상자에서 '차트 종류' 세로막대형 '차트 모양'에서 10번 모양을 선택합니다.

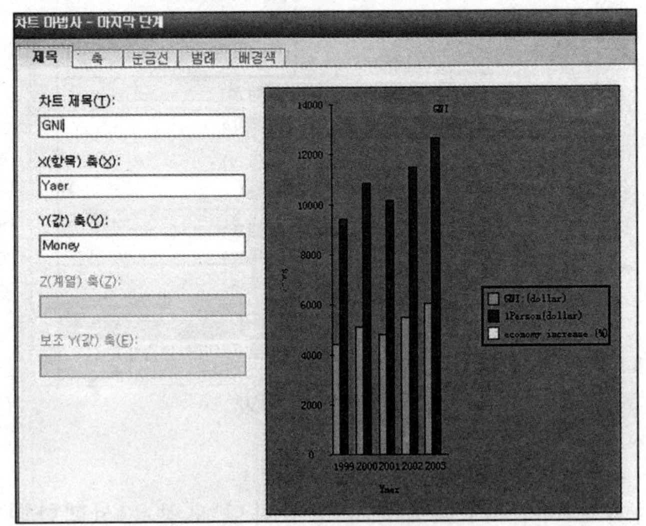

图 2-10-5　图表魔法师

3. 차트제목, 차트 범례, 축 제목 등 항을 입력합니다.

本章小结

一、셀 배경 복사하기.

셀 안에서 [모양]-[모양 복사] 메뉴를 실행하면 현재 셀의 배경 채우기 속성을 그대로 복사하여 다른 셀에 바로 적용할 수 있습니다.

二、[블록 계산]은 블록을 설정한 상태에서만 사용할 수 있으며, 블록 내용 중에서 글자와 괄호 ([]{}())속의 내용은 없는 것으로 처리하여 계산에 포함하지 않습니다.

三、차트로 만들 표의 맨 왼쪽 첫 번째 칸의 내용은 차트의 축과 축이 만나는 모서리 점으로 내용이 표시되지 않습니다. 따라서 차트에 이 셀은 비워 놓는 것이 좋습니다.

练习题

一、根据下例表格制作图表。

姓名	系别	性别	数学	语文	总分
李伟	数学	男	85	94	179
王雪	物理	女	85	95	180
刘强	化学	男	89	96	185

二、表的计算。

制作5列3行的表格，输入품명，컴퓨터 규격:120×100，수량：205，단가：5300，计算出总价格。

第十一章 다양한 테크닉으로 문서 편집하기

第一节 다단 나누기(分栏)

다단은 신문이나 회보와 같이 한 쪽을 여러 개의 단으로 나누어 문서의 가독성을 높여주는 역할을 합니다.

一、다단을 지정할 문단을 블록 설정한 다음 [모양]-[다단] 메뉴를 선택합니다.

二、[단 설정] 대화상자의 '자주 쓰이는 모양' 항목에서 '둘' 버튼을 클릭하고 '구분선 넣기' 항목과 '맞쪽'을 선택한 후 설정버튼을 클릭합니다. 블록 설정한 내용이 두 개의 단으로 나누어 집니다.

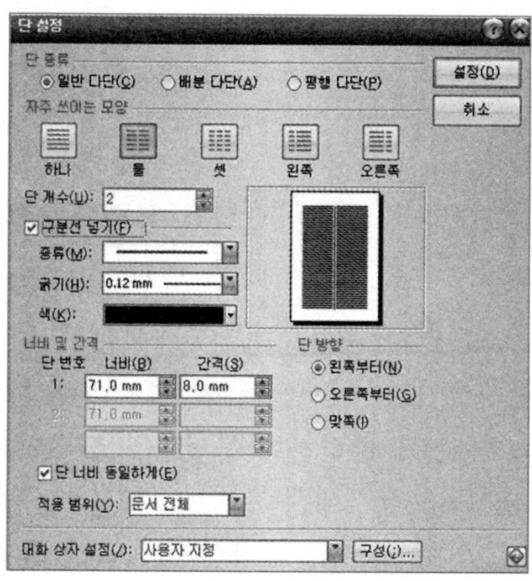

图 2-11-1 分栏

第二节 머리말 꼬리말 설정하기(页眉页脚的设置)

一、머리말、꼬리말을 삽입할 문서에서 [모양]-[머리말/꼬리말] 메뉴를 선택합니다.

二、머리말 설정하기.

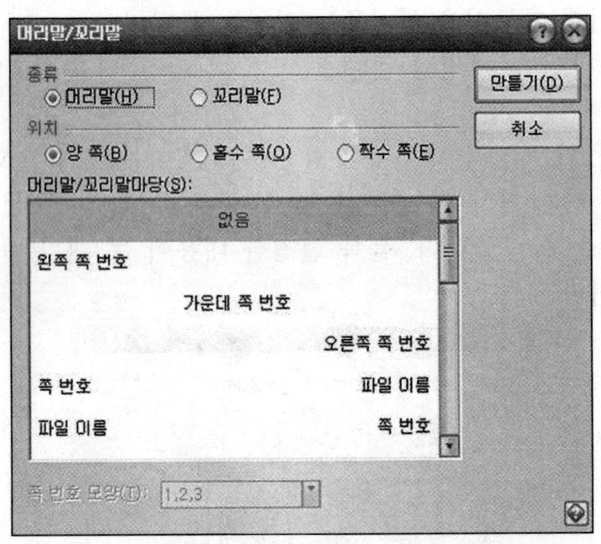

图 2-11-2 页眉、页脚

1. [머리말/꼬리말] 대화상자에서 '머리말'을 선택하고 만들기 버튼을 클릭합니다.머리말 편집 창에 내용을 입력하고 '오른쪽 정렬' 아이콘을 클릭하여 문단을 정렬합니다.

2. [그리기] 도구 상자에서 '직선 그리기' 아이콘을 클릭하고 Shift키를 이용하여 직선 그리기 개체를 삽입합니다.

3. 직선 그리기 개체를 선택한 상태에서 '선 굵기' 아이콘을

클릭해 '0.3mm' 굵기를 지정합니다.

4. [머리말/꼬리말] 도구 상자에서 '닫기' 버튼을 클릭해 머리말 작성을 마칩니다.

三、꼬리말 설정하기.

1. [머리말/꼬리말] 대화상자에서 '꼬리말'을 선택하고 만들기 버튼을 클릭합니다.

2. [머리말/꼬리말] 도구 상자에서 [코드 넣기]를 클릭하고 '만든 사람, 현재 쪽 번호, 만든 날짜'등 항을 삽입할 수 있습니다.

图 2-11-3 插入代码

四、[머리말/꼬리말]을 끝내려면 SHIFT+ESC 단축키를 이용합니다.

第三节 자주 사용하는 상용구 등록하기 (常用句设置)

상용구는 자주 사용되는 문자열을 준말(缩略词)을 이용하여 전체 문자열이 입력되도록 하는 기능입니다. 자주 반복되는 복잡하고 긴 문장이나 한글과 영문이 함께 쓰이는 문자열을 상용구로 등록해 놓고 사용하면 문서 작성 시간을 줄일 수 있습니다.

一、[입력]-[상용구]-[상용구 내용] 메뉴를 선택합니다.

图 2-11-4　设置常用句

二、[상용구] 대화상자에서 '상용구 추가하기' ➕ 버튼을 클릭합니다. 상용구 추가하기 대화상자에서 상용구로 사용될 '준말'과 실제로 삽입될 '본말'(原句子)을 입력하고 설정 버튼을 클릭합니다.

三、등록한 상용구는 준말과 단축키를 사용하여 입력할 수 있습니다. 준말 'c1'을 입력하고 Alt+I를 누르면 본말 '상용구 추가하기'가 입력됩니다.

> ※ 글자 상용구는 글자만 등록하고 본문 상용구는 글자, 표, 그림 등 모든 내용 등록할 수 있습니다.

第四节 한글 주소 로마자로 바꾸기(韩国语转换成罗马字)

로마자 변환은 한글을 로마자로 표기하는 것으로 영문 주소를 입력하거나 사람이나 회사이름 등을 영문으로 표기할 때 편리합니다.

一、영문으로 변환할 주소를 입력하고 블록 설정한 후 [도구]-[입력 도우미]-[로마자로 바꾸기] 메뉴를 선택합니다.

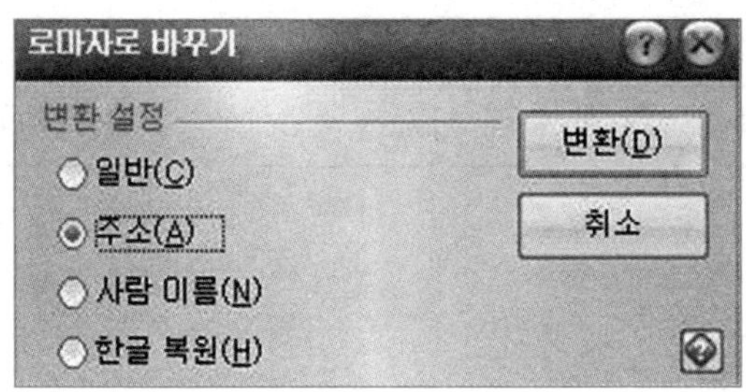

图 2-11-5 罗马字转换

二、블록으로 지정한 내용이 로마자 표기법에 맞추어 영문 주소로 변환됩니다.

第五节 구역 이해하기(划分区域)

작성한 문서를 장마다 새로운 쪽 번호로 시작하거나 배경, 테두리 등을 다르게 설정해야 할 경우에는 '구역'을 이용합니다.

一、구역 설정하기.

1. 구역을 구분할 위치에 커서를 놓고 [모양]-[나누

기]-[구역 나누기] 메뉴를 선택합니다.커서 위치가 새로운 쪽으로 구분되며 구역이 만들어 집니다.

2. 첫 번째 구역에 커서를 놓고 쪽 테두리와 배경을 지정합니다. 배경의 '적용 범위'항에서 '현재 구역'을 선택합니다.

3. 현재 선택된 구역에만 설정한 테두리와 쪽 배경이 적용된 것을 확인할 수 있습니다.

二、구역 삭제하기(删除区域).

구역 나누기를 실행한 자리앞이나 뒤에서 Delete나 Backspace를 클릭하면 구역 나누기 표시를 삭제하여 구역을 지울 수 있습니다.

※ 구역 나누기

첫 쪽의 마지막 줄에 커서를 놓고 명령을 실행합니다.

本章小结

一、외래어 표기하기.

한글에서는 영어 사전 발음을 한글로 검색하면 해당하는 원어를 검색하여 입력해주는 외래어 검색 및 표기 기능이 있습니다.

1. [도구]-[입력 도우미]-[외래어 표기] 메뉴를 선택합니다.

2. [외래어 표기] 대화상자에서 '찾을 낱말' 입력 상자에 외래어의 영어 사전 발음을 한글로 입력한 다음 찾기 버튼을 클릭합니다.

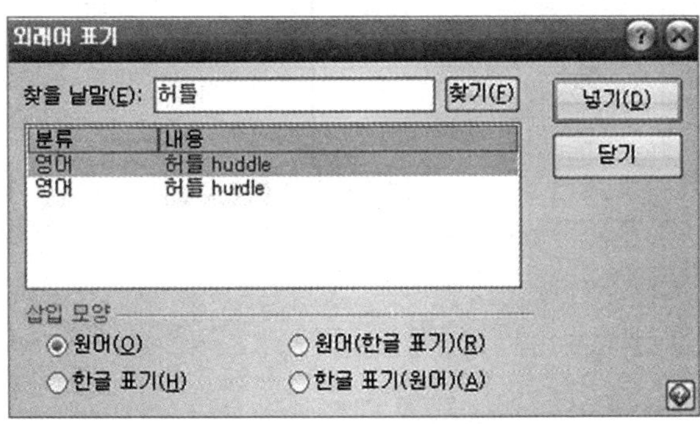

图 2-11-6 外来语查询

3. 외래어 낱말의 분류와 내용이 표시됩니다. '삽입 모양'에서 본문에 삽입할 형태를 선택하고 [넣기]를 클릭합니다.

二、평행 다단.

'평행 다단'이란 한쪽 단에는 용어나 제목 등의 표제어가 다른 쪽 단에는 그에 대한 설명이 오는 형식의 문서로 용어 사전과 같은 모양을 말합니다. 표제어를 입력하고 Ctrl+Shift+Enter를 눌러 커서를 다음 다단으로 이동하며 내용을 입력합니다.

三、새 쪽 번호 지정하기.

쪽 번호는 현재 문서의 모든 쪽에 자동으로 쪽 번호를 매겨주는 기능입니다. [모양]-[쪽 번호 매기기] 메뉴를 실행하여 커서 위치에 상관없이 현재 구역의 모든 쪽에 번호를 삽입할 수도 있습니다. 문서에 삽입한 쪽 번호는 [모양]-[새 번호로 시작] 메뉴에서 시작할 쪽 번호를 사용자가 지정할 수도 있습니다.

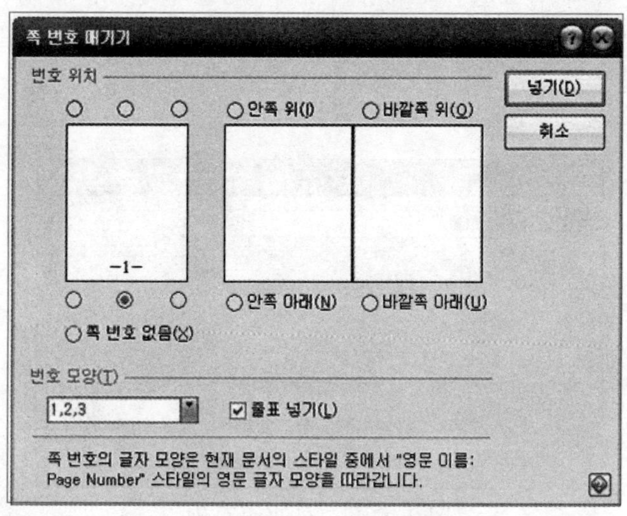

图 2-11-7 插入页码

练习题

一、插入一副图片，设置常用句。

二、地址或名称转换为罗马字。

1. 대구시 달서구 이곡동 .

2. 自己名字转换为罗马字。

三、划分区域后设置第一个区域的背景、边框。

四、外来语查询。

1. 메모리.

2. 그래픽.

3. 마우스.

第十二章 개요로 문서 흐름 파악하기

第一节 개요 번호 삽입하기 (设置项目编号)

'개요'를 작성한다는 것은 번호를 매겨 가며 글의 내용을 요약(汇总)하는 것입니다. 한글에서는 개요 번호를 7수준까지 매길 수 있습니다.

一、[모양]-[문단 모양] 메뉴를 선택합니다.

二、[문단모양] 대화상자에서 [확장] 탭을 선택하고 '문단 종류'에서 '개요 문단'을 클릭하고 설정 버튼을 클릭합니다.

三、현재 문단에 개요 번호가 삽입됩니다. 내용을 입력하고 Enter를 누르면 개요 번호가 자동으로 증가되며 삽입됩니다.

四、개요모양 선택하기.

1. [모양]-[개요 번호 모양] 메뉴를 선택하고 '개요 번호 모양'목록에서 현재 구역에 적용할 개요 모양을 클릭하고 [설정] 버튼을 클릭합니다.

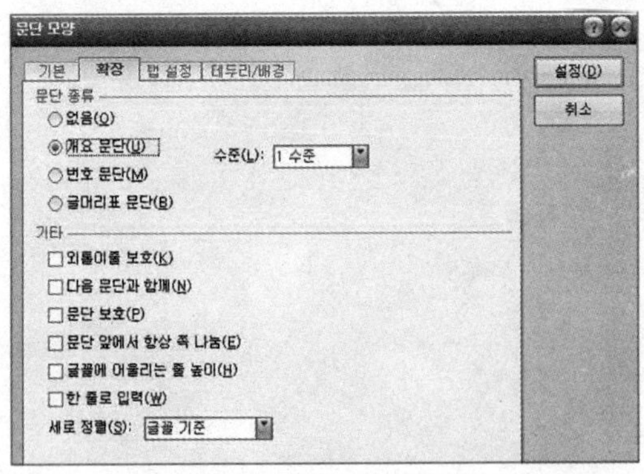

图 2-12-1 项目编号

2. 현재 문단에 적용된 개요 모양이 선택한 모양으로 바뀝니다.

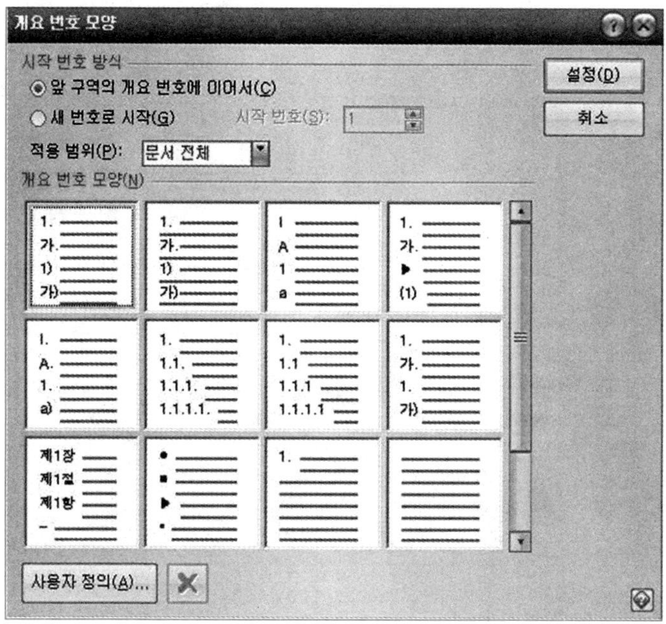

图 2-12-2 项目符号

第二节 스타일을 이용하여 문서 편집하기(编辑样式文档)

문서 편집과정에서 자주 사용하는 글자와 문단 모양을 스타일에 등록해 놓고 바로 적용하면 따로 글자나 문단 모양을 설정하는 시간을 줄일 수 있습니다.

一、스타일(样式)을 적용할 문단에 커서를 놓고 [모양]-[스타일] 메뉴를 선택하여 [스타일] 대화상자를 실행합니다.

二、새로운 스타일 만들기.

1. [스타일] 대화상자의 '스타일 목록'에서 'Outline1'을 선택하고 '스타일 편집하기' 버튼을 클릭합니다.

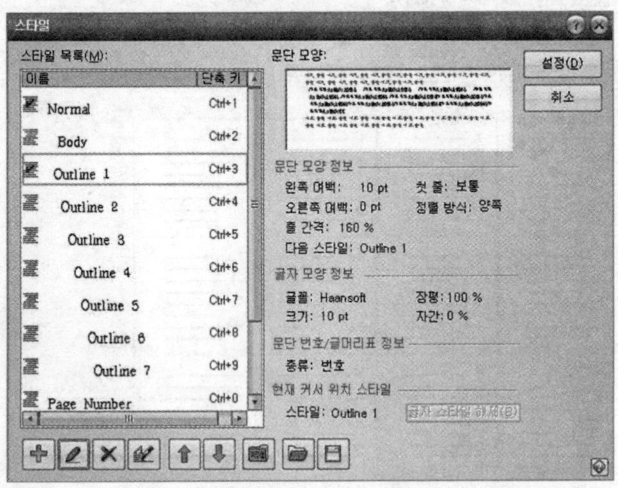

图 2-12-2 样式类型

2. 자동으로 삽입될 문단 번호 모양을 지정하기 위해 [스타일 편집하기] 대화상자에서 [문단 번호/글머리표] 버튼을 클릭합니다.

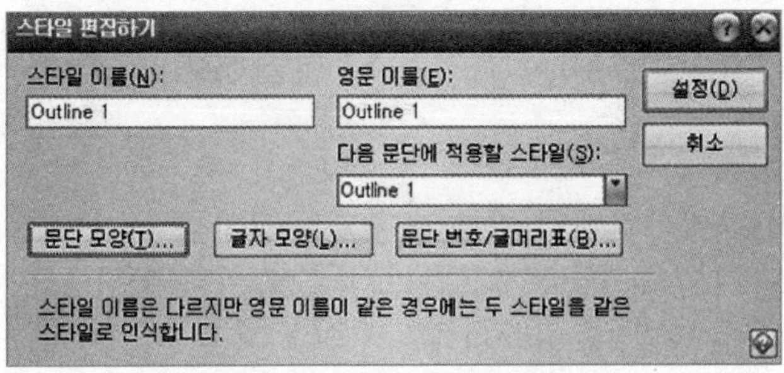

图 2-12-3 编辑样式

3. [문단 번호/글머리표] 대화상자에서 두 번째 '문단 번호 모양'을 선택하고 [설정] 버튼을 클릭합니다.

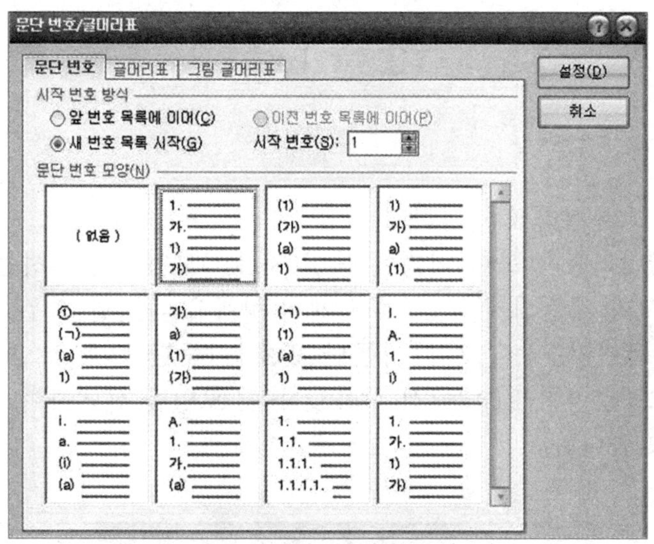

图 2-12-4 段落编号

4. [스타일 편집하기] 대화상자에서 [문단 모양]과 [글자 모양]을 설정하여 사용합니다.

本章小结

一、글머리표 지정하기.

글머리표는 문단 머리에 블릿(Bullet)모양을 삽입하는 것으로 순서가 지정되지 않는 여러 개의 항목을 나열할 경우 사용합니다. 글머리표는 [모양]-[문단 번호]-[문단 번호 모양]을 선택하고 [글머리표] 탭에서 사용할 블릿 모양을 선택하여 삽입할 수도 있습니다.

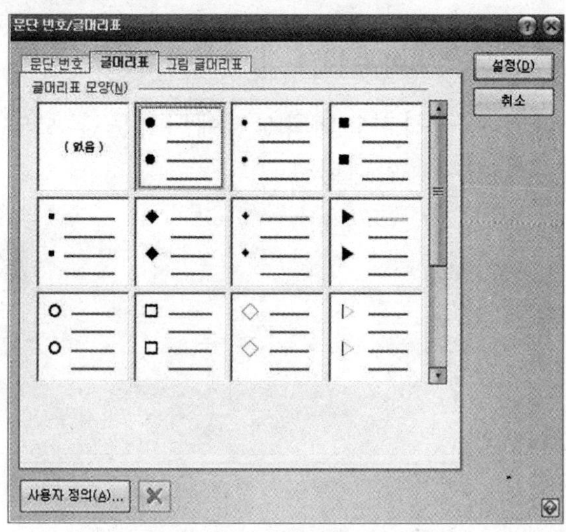

图 2-12-5 项目符号类型

二、개요 번호 삭제하기.

개요 속성이 지정된 줄에서 '문단번호 속성/해제' 버튼을 클릭하거나 Enter를 누르면 개요 속성이 해제되며 개요 번호가 사라집니다.

图 2-12-6 修改编号

三、개요 번호 글자 모양 지정하기.

[모양]-[개요 번호]-[개요 번호 모양] 메뉴를 실행하면 스타일을 사용하지 않고도 13가지 기본 개요 모양과 사용자 정의 모양을 지정하여 사용할 수 있습니다.

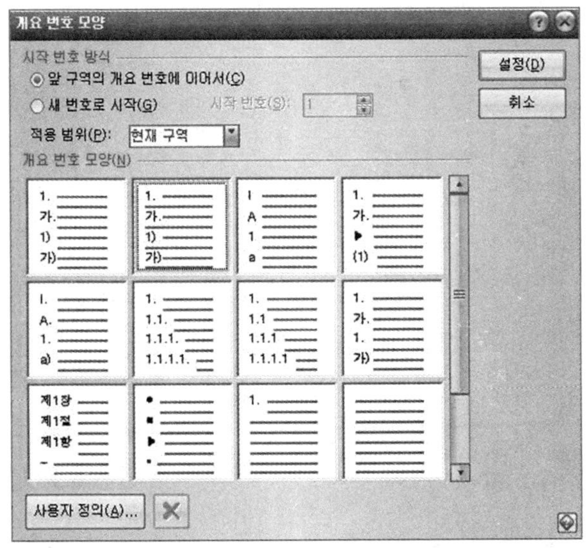

图 2-12-7 编号样式

练习题

一、选定文章，设置项目编号。

二、编辑一个样式，应用到文章。

第三部分 网络应用

第一章 네트워크 활용

第一节 회사내의 사설 IP 세팅하기(设置 IP 地址)

회사의 경우 네트워크 환경을 만들기 위해서 컴퓨터마다 IP를 할당하는 방식을 이용합니다.

一、컴퓨터의 IP 설정을 확인하기 위해서 [开始]-[网上邻居]를 마우스 오른쪽 버튼을 클릭한 후 [属性]을 선택합니다.

二、[네트워크 연결] 창이 표시됩니다. '本地连接'를 마우스 오른쪽 버튼을 클릭한 후 [属性] 메뉴를 선택합니다.

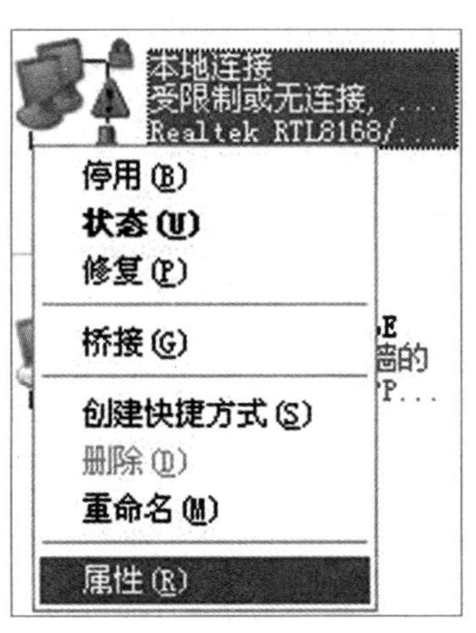

图 3-1-1 本地连接属性

三、'IP' 설정을 보기 위해서 'Internet 协议 TCP/IP'를 더블 클릭합니다.

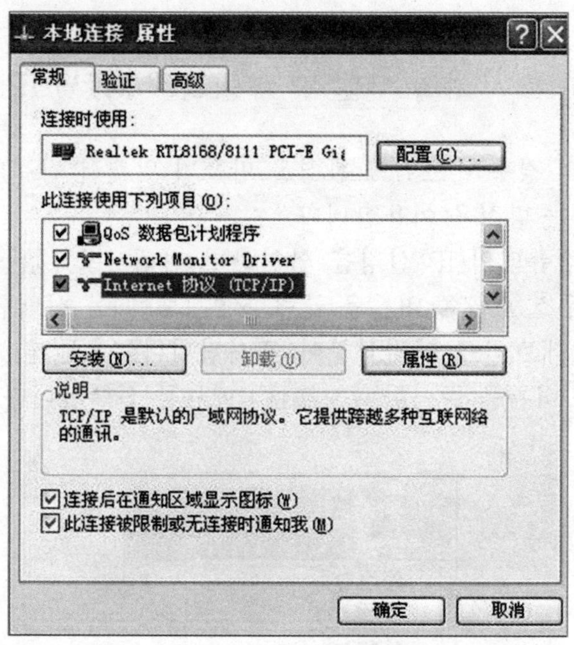

图 3-1-2　常规标签 Internet 协议

四、[Internet协议TCP/IP属性]창이 표시됩니다. 다양한 주소들이 표시되어 있는 것을 볼수 있습니다. 이 모든 주소가 네트워크 설정을 할 때 필요한 주소들입니다.

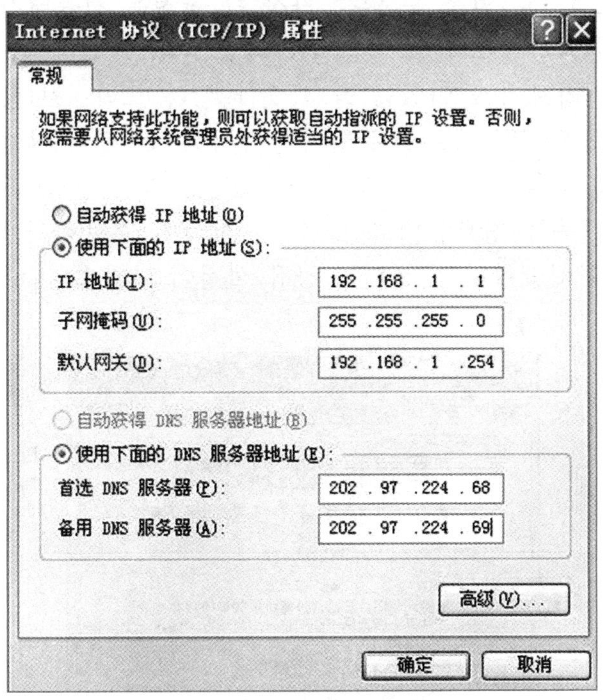

图 3-1-3 设置 IP 地址

第二节 폴더 공유(共享文件)

네트워크로 얻을 수 있는 가장 큰 장점은 컴퓨터간의 자료 공유입니다.

一、자료가 들어있는 폴더(文件夹)나 드라이브(硬盘分区)를 마우스 오른쪽 버튼으로 클릭한 후 [共享和安全]메뉴를 선택합니다.

二、[등록 정보] 대화상자가 표시되면 '在网络上共享这个文件夹'에 체크합니다. 폴더가 공유 설정이 되었습니다.

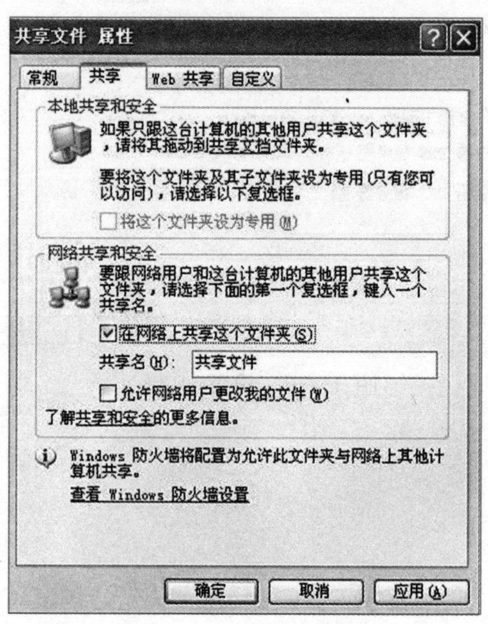

图 3-1-4　共享文件

第二章 韩文邮箱的注册与使用

第一节 E-mail 신청하기（申请邮箱）

一、Duam 韩国门户网站申请注册韩文邮箱，网址 www.daum.net。打开网站首页，单击会员登陆框下的‘회원가입’。

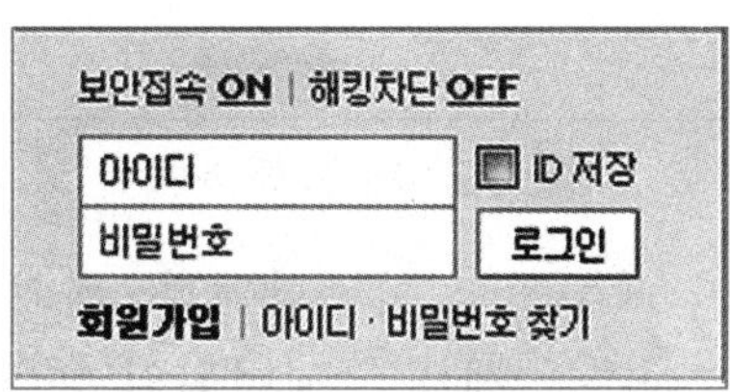

图 3-2-1 会员登录

二、회원가입 페이지가 열립니다. 회원 선택에서 ‘일반 회원’을 선택하여 클릭합니다. ‘어린이/학생’ 회원은 14세 미만의 아이들이 가입하는 것이고 ‘기업/단체’ 회원은 회사나 단체에서 가입하는 회원입니다.

图 3-2-2 申请会员

三、Duam 서비스 이용약관 페이지로 이동합니다. 이용약관 동의 항에 체크하고 '다음 단계로' 버튼을 클릭합니다.

● 개인정보 수집·이용 안내
수집하는 개인정보의 항목
개인정보의 수집 이용목적
개인정보의 보유 및 이용기간
Daum은 회원가입, 원활한 고객상담, 각종 서비스 등 기본적인 서비스 제공을 위한 필수정보와 고객 맞춤 서비스 제공을 위한 선택정보로 구분하여 아래와
있습니다.
1. 수집항목
<일반, 어린이/학생 회원가입 시>
● 필수항목 : 성명, 주민등록번호, 외국인등록번호, 아이디, 비밀번호, Daum이름(닉네임), 만14세 미만인 경우 법정대리인 정보, 휴대 전화번호, 유선
소, 생년월일, 성별, 아이핀 번호, 이메일 주소(해외 사용자만 해당)
위의 "서비스 이용약관 및 개인정보 수집·이용"에 동의합니다.
다음단계로
가입취소

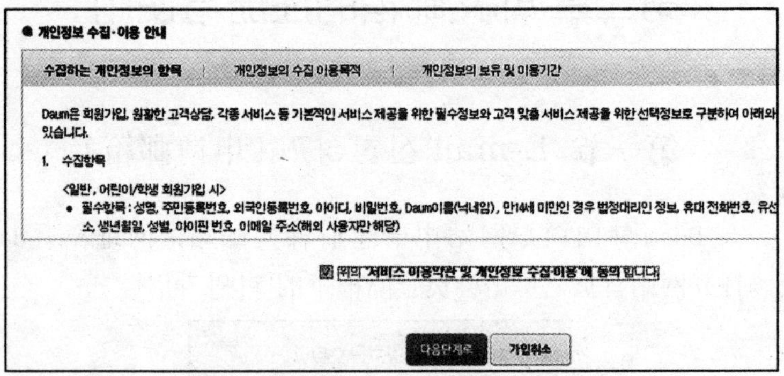

图 3-2-3　会员协议

四、본인 확인 페이지로 이동합니다. 해외사용자는 '생년월일'항을 클릭하고 '이름', '성별', '생년월일'을 입력합니다.

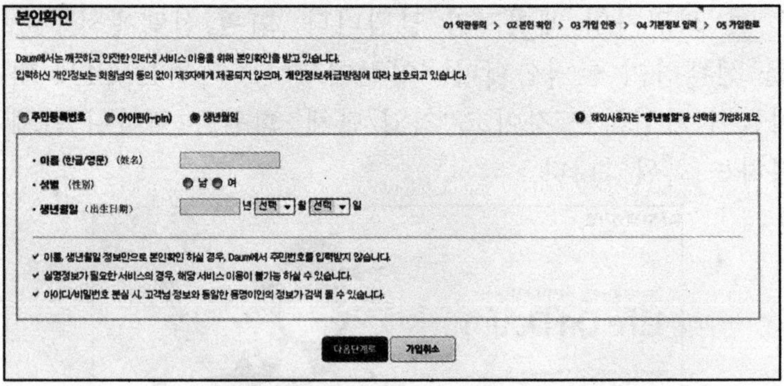

본인확인
01 약관동의 > 02 본인 확인 > 03 가입 인증 > 04 기본정보 입력 > 05 가입완료
Daum에서는 깨끗하고 안전한 인터넷 서비스 이용을 위해 본인확인을 받고 있습니다.
입력하신 개인정보는 회원님의 동의 없이 제3자에게 제공되지 않으며, 개인정보취급방침에 따라 보호되고 있습니다.
주민등록번호
아이핀(i-pin)
생년월일
해외사용자는 "생년월일"을 선택해 가입하세요.
· 이름 (한글/영문) (姓名)
· 성별 (性别)
남
여
· 생년월일 (出生日期)
년
선택
월
선택
일
✔ 이름, 생년월일 정보만으로 본인확인 하실 경우, Daum에서 주민번호를 입력받지 않습니다.
✔ 실명정보가 필요한 서비스의 경우, 해당 서비스 이용이 불가능 하실 수 있습니다.
✔ 아이디/비밀번호 분실 시, 고객님 정보와 동일한 동명이인의 정보가 검색 될 수 있습니다.
다음단계로
가입취소

图 3-2-4　确认身份

五、회원 가입 인증 단계로 이동합니다. 이 페이지에서 메일을 입력하여 '인증 번호'를 신청합니다. '인증 번호'를 입력하여야만 다음 단계로 넘어갈 수 있습니다.

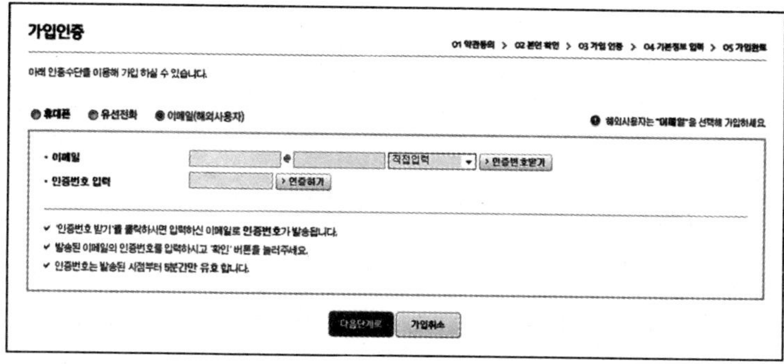

가입인증

01 약관동의 > 02 본인 확인 > 03 가입 인증 > 04 기본정보 입력 > 05 가입완료

아래 인증수단을 이용해 가입 하실 수 있습니다.

휴대폰 유선전화 이메일(해외사용자)

해외사용자는 "이메일"을 선택해 가입하세요.

· 이메일 @ 직접입력 인증번호받기

· 인증번호 입력 인증하기

✔ '인증번호 받기'를 클릭하시면 입력하신 이메일로 인증번호가 발송됩니다.

✔ 발송된 이메일의 인증번호를 입력하시고 '확인' 버튼을 눌러주세요.

✔ 인증번호는 발송된 시점부터 5분간만 유효 합니다.

다음단계로 가입취소

图 3-2-5 会员认证

六、기본정보 입력 단계로부터 본격적으로 회원가입이 시작됩니다. '아이디', '닉네임', '비번' 등 개인정보를 입력합니다.

✔ 표시는 필수 입력 사항입니다.

✔ 이름	inguan
✔ 아이디(ID)	hungul 중복확인 사용 가능한 아이디 입니다.
✔ Daum이름(닉네임)	한글
✔ 비밀번호	•••••••••• 보안등급 : 강력
✔ 비밀번호 확인	••••••••••
이메일	oren23@sina.com 아이디, 비밀번호 분실 시 본인확인용으로 사용되오니 정확한 정보로 입력하시기 바랍니다. 소식메일 수신 주소로 등록 Daum에서 발송되는 각종 서비스 관련 소식 메일을 해당 메일로 받으실 수 있습니다.
✔ 유선번호	8888 - 8888 - 8888 아이디, 비밀번호 분실 시 본인확인용으로 사용되오니 정확한 정보로 입력하시기 바랍니다.
✔ 주소	China
메일수신 설정	Daum 소식메일 메일을 수신합니다. 쇼핑메일 메일을 수신합니다. 광고메일 메일을 수신합니다.

✔ 확인 취소

图 3-2-6 填写会员资料

七、기본정보 입력을 끝마치면 가입이 완료됩니다.

图 3-2-7　注册成功

八、Daum 홈페이지에서 '로그인'하여 메일을 사용합니다.

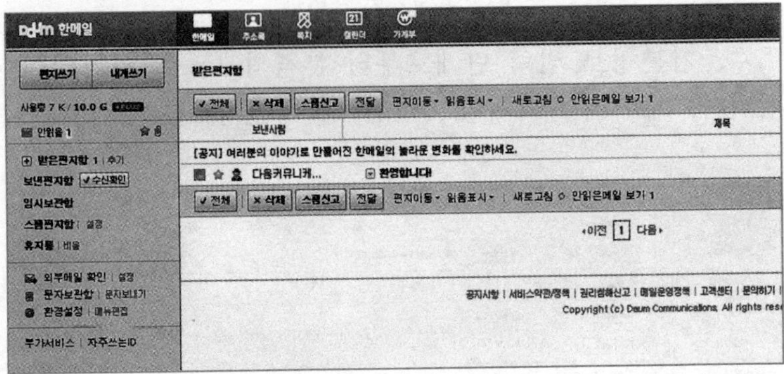

图 3-2-8　进入邮箱

第三章 업무에 필요한 데이터 검색하기

第一节 다양한 검색 엔진들(各种搜索网站)

一、네이버(www.naver.com).

지역정보, 웹 문서 이미지, 사전검색, 뉴스 검색 등의 다양한 검색 방법을 제공합니다.

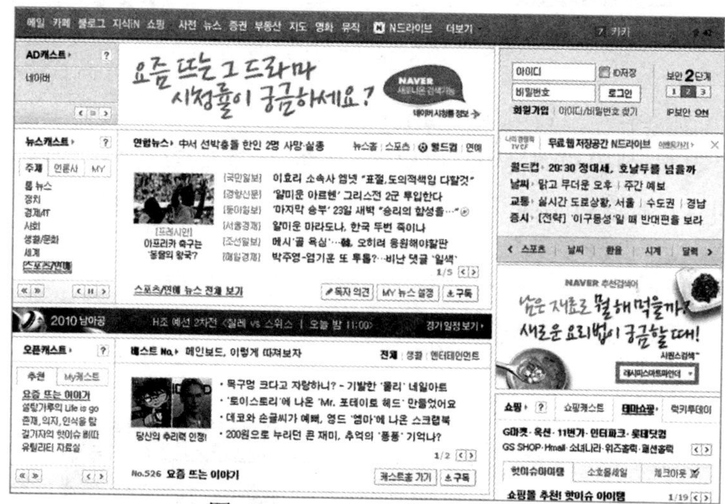

图 3-3-1 Naver 搜索网站

二、다음넷(www.daum.net).

웹 문서, 뉴스, 사전, 메일, 카페 등 다양한 기능과 풍부한 검색 엔진을 제공하는 포털 사이트입니다.

图 3-3-2 Daum 搜索网站

三、야후 코리아(kr.yahoo.com).

검색 엔진의 시초로 다양한 자료를 쉽게 찾을 수 있습니다. 특히 인지도 덕분에 각종 회사나 공공기관의 주소를 찾는데 큰 도움이 됩니다.

图 3-3-3 Yahoo 搜索网站

四、그 밖의 검색 엔진.

1. 구글 한국(www.google.co.kr) - 구글의 한국어판 검색 엔진입니다.

2. 네이트(www.nate.com) - 네이트닷컴의 홈페이지로 기본적인 검색 서비스를 제공합니다.

3. 드림위즈(www.dreamwiz.com) - 검색 서비스 뿐만 아니라 다양한 서비스를 제공합니다.

第二节 파워 정보 검색 방법을 익히기 (搜索方法)

一、OR 검색.

검색어 중 하나라도 있으면 찾습니다.

예를 들어 '올림픽'이란 단어와 '월드컵'이란 단어에서 둘 중 하나라도 들어간 웹 페이지를 찾고자 한다면 'OR 검색'을 이용합니다. 검색어 입력할 때 '올림픽 or 월드컵'이라고 입력한 후 검색을 합니다.

二、AND 검색.

'AND 검색'은 'OR 검색'과는 다르게 입력한 검색어가 모두 포함한 웹 페이지를 찾을 때 이용합니다.

예를 들어 입력할 때 '올림픽 and 월드컵'이라고 입력한 후 검색을 합니다.

第四章 온라인 번역기를 이용하기

第一节 온라인 번역 사이트（在线翻译网站）

한국 사이트의 온라인 번역 서비스를 이용하여 한자를 한글로 번역할 수 있습니다.

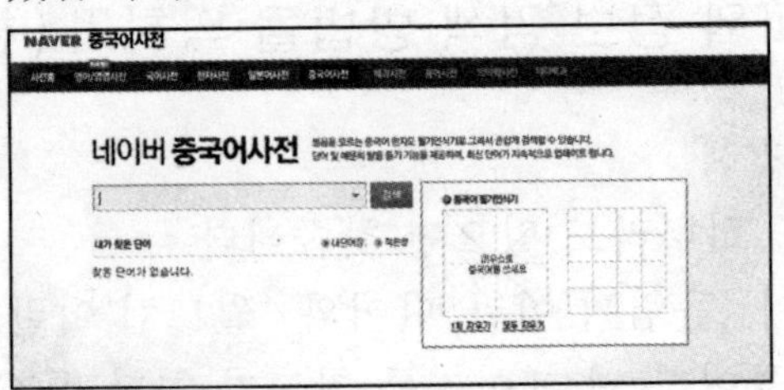

图 3-4-1 在线翻译网站

一、검색창에 '大学'를 입력하고 '검색' 버튼을 클릭합니다.

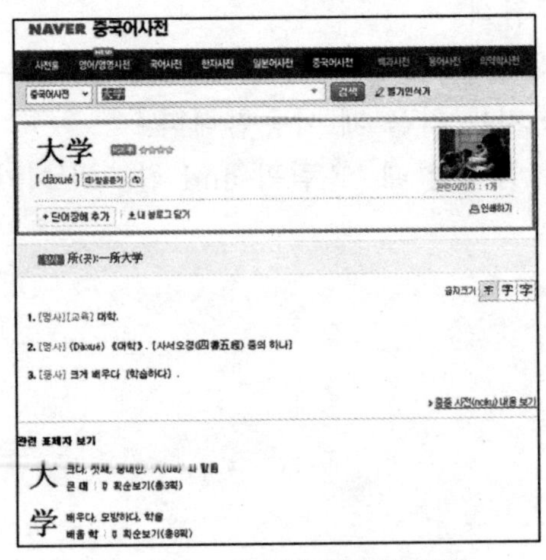

图 3-4-2 使用在线翻译网站

二、검색 결과 페이지가 나타납니다.

三、기타 검색 사이트.

1. Daum的在线词典也可以翻译大量常用单词。
(cndic.daum.net)

2. 차이투코 网站提供专业中韩翻译词典。
(www.chi2ko.com)

第五章 即时通讯

第一节 메신저신청과 사용하기(MSN注册与使用)

MSN是在线通过输入信息即时通讯、沟通的工具，可传输文件、支持语音、视频聊天。是用途广泛的网上办公工具。

一、MSN登陆账号与Hotmail邮箱账号是通用的，所以到hotmail网站注册一个用户名，网址是mail.live.com.

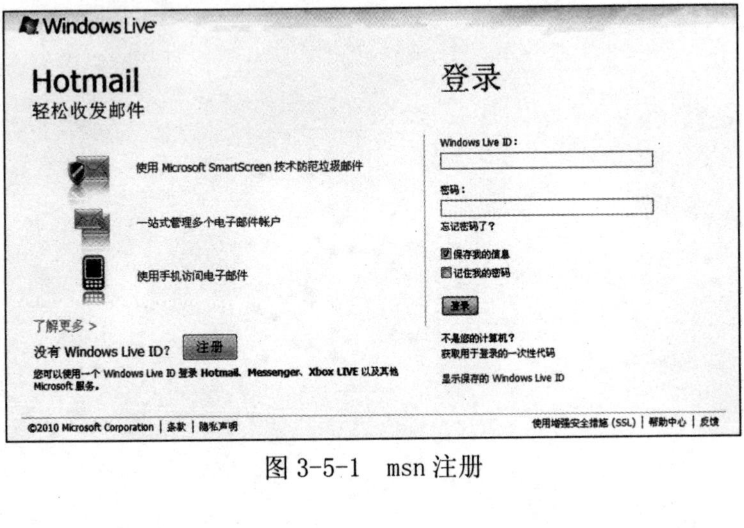

图3-5-1 msn注册

二、注册完用户之后根据所注册用户 ID 登陆 MSN 并使用。

图 3-5-2　msn 登录

附录 1

韩国常用网址

1. www.naver.com - 종합검색엔진
2. www.daum.net - 커뮤니티 포탈
3. cndic.naver.com - 네이버 중국어 사이트
4. www.chi2ko.com - 한국어 자료, 각종 사전
5. www.nate.com - 포털사이트
6. www.paran.com - 종합검색엔진
7. www.interpark.com - 종합쇼핑몰
8. www.hangame.com - 게임포탈
9. www.hotmail.com - 핫메일
10. www.dlibrary.go.kr - 국가전자도서관
11. www.nl.go.kr - 국립중앙도서관
12. www.hangeulmuseum.org - 디지털한글박물관
13. www.itkc.or.kr - 한국고전번역원
14. www.sejong.or.kr - 21세기세종계획
15. www.itec.re.kr - IT 기술 이전본부
16. www.mic.go.kr - 정보 통신부
17. www.yamtaja.com 在线韩语打字练习
18. www.52kor.cn 韩语学习资料及韩语软件下载

附录 2

常用样式文件

样式 1

행 사 예 정 표

순 월	초 순	중 순	하 순
1			
2			
3			
4			
5			
6			
7			
8			
9			
10			
11			
12			

样式 2

개 인 면 담 표

2005 년 월 일 작성

소 속			연 락 처		혈 액 형	형
성 명	한 글		한 문		영 문	
본 적				주 민 등 록 번 호 (만 세)		
현 주 소				—		
입사년월일	년 월 일			근 속 년 수	년 개월	
입 사 동 기 및 소 개 자						
최 종 학 력	학 교 명	기 간	전 공	소 재 지		
병 역 사 항	입 대 일 자	전 역 일 자	최종복무지	역 종		
				1.현역 2.보충역 3.기타		
경 력 사 항	회 사 명	기 간	직 책	소 재 지		
가 족 사 항	관 계	성 명	생년월일	나 이	직 업	현 주 소
재 산 사 항	자가(만원) 전세(만원) 월세(보증금 만원, 월세 : 만원)					
출 근 방 법	(자가용, 버스, 지하철, 기타) 총소요시간 : 시간 분					
	구체적 사항 :					
애로사항 및 건의사항						
1. 자격관계 : 2. 특기 : 3. 취미 및 종교 :						
※정확하게 기술해 주십시오.						

样式 3

거 래 명 세 표

No._

2005 년 5 월 10 일

수 주 문 서		품 명	수 량	단 가	금 액
일 자	번 호				
5 / 10	A1234	토너	3	38,000	
5 / 10	BC100	프린터	2	215,000	
5 / 10	A4300	키보드	1	23,000	
5 / 10	D1000	RAM	2	34,000	
합 계					

样式 4

견 적 서

<table>
<tr><td rowspan="5">2005 년 2 월 17 일

김 박사 귀하

아래와 같이 견적합니다.</td><td rowspan="5">공급
자</td><td>등록번호</td><td colspan="3">123456789-012345678</td></tr>
<tr><td>상호
(법인명)</td><td>(주)컴퓨터</td><td>성
명</td><td>나대로</td></tr>
<tr><td>사업장주소</td><td colspan="3">서울시 용산구</td></tr>
<tr><td>업태</td><td></td><td>종
목</td><td></td></tr>
<tr><td>전화번호</td><td colspan="3"></td></tr>
</table>

합 계 금 액 (공급가액+ 세액)	원整	(₩)

품 명	규격	수량	단가	공급가액	세액	비고
CPU	533Mhz	2	331,000			
메인보드	ASUS	3	439,000			
CD-RW	LG 52X	1	32,000			
계						

样式 5

<table>
<tr><td rowspan="4">사진</td><td colspan="4">이 력 서</td></tr>
<tr><td rowspan="2">성 명</td><td colspan="2" rowspan="2">김현수 □</td><td>주 민 등 록 번 호</td></tr>
<tr><td>781020-1000001</td></tr>
<tr><td>생년월일</td><td colspan="3">1981 년 10 월 20 일생</td></tr>
<tr><td>주소</td><td colspan="4">경기도 성남시 분당구 서현동</td></tr>
<tr><td rowspan="2">연락처</td><td>집</td><td>123-4567</td><td rowspan="2">전 자 우 편</td><td rowspan="2">abc@abc.co.kr</td></tr>
<tr><td>핸드폰</td><td>010-123-3456</td></tr>
<tr><td>호적관계</td><td>호주와의 관계</td><td>본인</td><td>호 주 성 명</td><td>김현수</td></tr>
</table>

<table>
<tr><td colspan="3">년월일</td><td>학 력 및 경 력 사 항</td><td>발 령 청</td></tr>
<tr><td>‘94</td><td>3</td><td></td><td>대한 고등학교 입학</td><td></td></tr>
<tr><td>‘97</td><td>2</td><td></td><td>대한 고등학교 졸업</td><td></td></tr>
<tr><td>‘97</td><td>3</td><td></td><td>아시아 대학교 공과대학 전자공학과 입학</td><td></td></tr>
<tr><td>‘00</td><td>2</td><td></td><td>아시아 대학교 공과대학 전자공학과 졸업</td><td></td></tr>
<tr><td></td><td></td><td></td><td>- 경력 사항 -</td><td></td></tr>
<tr><td>‘00</td><td>10</td><td></td><td>주) 가나 입사</td><td></td></tr>
<tr><td>‘04</td><td>09</td><td></td><td>주) 가나 퇴사</td><td></td></tr>
<tr><td></td><td></td><td></td><td>- 수상 경력 -</td><td></td></tr>
<tr><td>‘02</td><td></td><td></td><td>성남시 주최 수필 대회 입상</td><td></td></tr>
<tr><td></td><td></td><td></td><td></td><td></td></tr>
<tr><td></td><td></td><td></td><td></td><td></td></tr>
<tr><td></td><td></td><td></td><td></td><td></td></tr>
</table>

附录 3

计算机用语

가

가상 virtual 虚拟
가상세계 cyber space 数码空间
검색 search 搜索、检索
검색엔진 search engine 搜索引擎
검색창 检索窗
게시판 BBS (Bulletin Board System) 公告牌系统，公告板
게이트웨이 gateway 网关
경로 path 路径
계정 account 帐号
개체 속성 对象属性
광케이블 optical cable 光缆
그래픽카드 graphic card 图形卡
글꼴 字体
글상자 文本框

나

나가기 버튼 escape key 退出键
네비게이터 navigator 导航
네스케이프 Nescape 网景
네트워크 network 网络
네티즌 netizen 网民
네티켓 netiquette 网上礼节
넷친구 net friend 网友
노트북컴퓨터 notebook 笔记本电脑
노트패드 notepad 记事本
뉴스그룹 newsgroup 新闻讨论组

다

다운되다 down 死机
다운로드하다 download 下载
단말기 terminator 终端机
단방향 one-way 单向
단축 키 shortcut key 快捷键
단락 段落
닫기 close 关闭
대역 bandwidth 带宽
대화상자 dialogue box 对话框
www 万维网

더블클릭하다 double-click 双击
덮어쓰기 overwrite 覆盖
데이터 data 数据
데이터베이스 database 数据库
도메인 네임 domain name 域名
드래그하다 drag 拖拽
드래그、드롭 drag、drop 托放
드라이브 drive 驱动器
디렉토리 directory 目录，文件夹
디바이스 device 设备
디지털 digital 数码，数字
디폴트 default 默认
디스크 disk 磁盘
등록정보 properties 属性

라

라이브러리 library 程序库
랜 LAN 局域网
랜카드 LAN-Card 网卡
램 RAM 数据存储器
레이저프린터 laser printer 激光打印机
로그아웃 log-out 退出
로그오프 log-off 注销
로그온 log-on 进入、注册
로그인 log-in 登录
롬 ROM 只读存储器

루트디렉토리 root directory 根目录
리셋버튼 reset button 重启按钮
리셋키 reset key 重启键
리턴키 return key 回车键
링크 link 链接

마

마법사 wizard 向导
마우스 mouse 鼠标
맞춤법 도우미 拼写检查助手
머리말 页眉
멀티미디어 multimedia 多媒体
멀티태스크 multi-task 多任务
메가바이트 megabyte 兆字节
메일링리스트 mailing list 邮件清单区
메인보드 main board 主板
메모리 memory 内存、存储器
메뉴 menu 菜单
메뉴바 menu bar 菜单栏
모바일 mobile 移动
모뎀 modem 调制解调
모니터 monitor 显示器
문자표 特殊符号
미디어 media 媒体
미들웨어 middleware 中间件
미러사이트 mirror site 镜像网站

미리보기 preview 预览
미니 mini 微型
밀레니엄버그 millennium bug 千年虫

바

바이러스 virus 病毒
바이트 byte 字节
방명록 message board 留言板
배치파일 batch file 批文件
배치처리 batch process 批处理
배경 背景
백신프로그램 vaccine program 杀毒软件
백업 backup 备份
버그, 오류 bug 错误
버전 version 版本
버튼 button 按钮
베타버젼 beta version 测试版
보조프로그램 accessories 附件
복사하다 copy 拷贝，复制
부팅하다 booting 启动
북마크 bookmark 书签
블록 选取
붙이기 paste 粘贴
브라우저 browser（网络）浏览器
VPN virtual private network 虚拟专用网络
비디오폰 video phone 视讯电话
빨리가기 快捷方式

사

사용자정의 自定义
사운드카드 sound card 声卡
사이버공간 cyber space 虚拟空间
사이트 site 网站，站点
사이트맵 sitemap 网站图
사이트주소 address 网址， 地址
상태바 status bar 状态栏
새로고침 refresh 刷新
새로만들기 new 新建，创建
서버 server 服务器
서브디렉토리 subdirectory 子目录
설정 设置
셋톱박스형 set-top box 置顶盒，机顶盒
셀 单元格
쉐어웨어 shareware 共享程序
소스코드 source code 源代码
소프트웨어 software 软件
소프트웨어패키지 software package 软件包
소호 SOHO 在家办公
쉬프트키 shift key 换档键
스캐너 scanner 扫描器
스크롤바 scrollbar 滚动条
스페이스바 spacebar 空格键

슬롯 slot 插槽
CD 光盘
CD-Rom 只读光盘
시뮬레이션 simulation 模拟
시스템 system 系统
시스템관리자 system administrator 系统管理员
시작메뉴 start menu 开始菜单
시작버튼 start button 开始按钮
실리콘밸리 silicon valley 硅谷
쌍방향 both-way 双向

아

아날로그 analogue 模拟
ISDN 一线通
ISP 因特网服务提供商
아이콘 icon 图标
안티바이러스 anti-virus 反病毒
암호 密码
압축소프트웨어 compaction software 压缩软件
애니메이션 animation 动画
어플리케이션 application 应用软件
업데이트 update 更新
업그레이드 upgrade 升级
업로드하다 upload 上载
언인스톨하다 uninstall 卸装
여백 空白、边距

영상주파수 frequency 频率
에디터 editor 编辑器
FAQ 常见问题
액세스하다 access 访问
OS 操作系统
오브젝트 object 对象
오프라인 off-line 脱机，脱线
오른쪽키 right key 右键
온라인게임 network game 在线游戏
온라인채팅 network chatting 网聊
온라인 서점 online bookstore 网上书店
옵션 option 选项
용량 volume 容量
요약 汇总
왁찐 vaccine 防毒疫苗
열기 open 打开
왠 WAN 广域网
워드패드 WordPad 写字板
워크스테이션 workstation 工作站
워드아트 word art 艺术字
웹마스터 webmaster 网络管理员
웹페이지 webpage 网页
웹출판 web publishing 网络出版
호스트 host 虚拟主机
웹호스팅 web hosting 主机提供
웹호스팅 관리 management 主机托管
유니코드 Unicode 统一码

유저아이디 user ID 用户账号
유저인터페이스 use interface 用户界面
유저네임 user name 用户注册名
유틸리티 utility 实用程序
윈도우 windows 视窗
이더넷 Ethernet 以太网
이름바꾸기 rename 重命名
유저 user 用户
이미지 图片
익스플로러 explorer 资源浏览器
인덱스 index 索引
인스톨하다 install 安装
인터페이스 interface 界面
인트라넷 intranet 企业内部网
인터넷 internet 因特网，互联网
인터넷카페 internet cafe 网络咖啡屋
인터넷전화 internet phone 网络电话
입력하다 insert 输入
입력키 insert key 键入
입력방법 insert method 输入法
워크스테이션 workstation 工作站

자

자바 JAVA
자기디스크 磁盘
잘라내기 cut 剪切

저장하다 save 保存 存储
재부팅 rebooting 重新启动
재택근무 home working 在家办公
전용선 leased line 专线
전자상거래 e-commerce 电子商务
전자우편 e-mail 电子邮件
전화접속 dialing 拨号网络
사이버머니 cyber money 电子货币
점퍼 jumper 跳线
정보 information 信息
정보제공자 provider 提供商
제어판 control panel 控制面板
제어키 control key 控制键
조이스틱 joystick 游戏杆
조회 inquire 查询
쪽 页
줌아웃 zoom-out 放大
줌인 zoom-in 缩小
중앙처리기 CPU 中央处理器
즐겨찾기 favorites 收藏夹
줄 行
GB 코드 GB code 国标码
GUI GUI (Graphic User Interface) 图形用户接口

차

차세대 新一代

차트 图表
처음페이지 first page 首页
첨부파일 attached file 附件
칩 chip 芯片
추가하다 追加
체크하다 选中

카

칸 列
캐릭터 character 字符
커서 cursor 光标
컨소시엄 consortium 财团
컴덱스 Comdex 计算机分销商展览
컴파일하다 compile 编译
컴퓨터 computer 计算机，电脑
컴퓨터오락 computer game 电脑游戏
코드 code 代码
코멘드 command 命令
쿨사이트 cool site 酷站
크랙커 cracker 闯入者
클릭 click 单击
키보드 keyboard 键盘
키워드 keyword 关键词
캡션 Caption 标题

타

타이틀바 title bar 标题栏
태그 tag 标签、标记
탐색기 explorer 资源管理器
탭키 tab key 制表键
테두리 边框
텍스트 text 文本
톤 tone 音频
토너 toner 墨粉
툴바 tool bar 工具栏
3D 3 维立体

파

파일 file 文件
파티션 partition 分区
편집용지 页面设置
팝업메뉴 popup-menu 上拉菜单
패스워드 password 密码
패치 patch 补丁程序
패킷 packet 封包
퍼지 fuzzy 模糊
펑션키 function key 功能键
펄스 pulse 脉冲
펜티엄 Pentium 奔腾

펜티엄 MMX Pentium MMX 多能奔腾
포럼 forum 论坛
포맷하다 format 格式化
포털사이트 portal site 入门网站
포트 port 端口
포인트 指针
폰트 font 字体
폴더 folder 文件夹
푸터、꼬리말 footer 页脚
풀다운메뉴 pull-down menu 下拉菜单
프린트하다 print 打印
프린터 printer 打印机
프로그래머 programmer 程序（设计）员，编程员
프로그램 program 程序
프리젠테이션 presentation 显示
프런트페이지 front page 标题
플래쉬 메모리 flash memory 快闪存储器
플러그앤플레이 plug & play 即插即用
플랫폼 platform 平台
플로터 plot 图
필드 field 字段
필터 filter 填充符

하

하드디스크 hard disk 硬盘
하드웨어 hardware 硬件

하이테크놀러지 Hi-tech 高科技
하이퍼링크 hyperlink 超级链接
하이퍼텍스트 hypertext 超文本
핫사이트 hot site 热门网站
핫키 hot key 热键
해상도 resolution 分辨率
해적판 pirated edition 盗版
해커 hacker 黑客
핸드폰 cellular phone 手机
허브 HUB 集线器
헤르쯔 hertz 赫兹
헬프 help 帮助
호스트 host 主机
호환기 compatible machine 兼容机
홈페이지 homepage 首页，主页
화면 screen 屏幕
화소 pixel 像素
화살표 箭头
확장명 extension name 扩展名
환경설정 选项
활성창 active window 活动窗口
회로 circuit 电路
휴지통 recycled 回收站
히트수 hits 点击数

기 타

라이코스 Lycos 来科思

마이크로소프트 Microsoft 微软

모토로라 Motorola 摩托罗拉

시멘스 Simens 西门子

썬마이크로 Sun Micro 太阳微电子

아마존 Amazon 亚马逊

애플 Apple 苹果

야후 yahoo 雅虎

AOL 美国在线

엡손 Epson 爱普生

인텔 Intel 英特尔

제록스 Xerox 施乐

컴팩 Compaq 康柏

후지쯔 Fujitsu 富士通

휴렛팩커드 HP 惠普

파나소닉 Panasonic 松下

读者反馈意见

尊敬的读者：

您好！感谢您多年来对哈尔滨工业大学出版社的支持与厚爱！为了更好地满足您的需要，提供更好的服务，希望您对本书提出宝贵意见，将下表填好后，寄回我社或登录我社网站（http://hitpress.hit.edu.cn）进行填写。谢谢！您可享有的权益：

☆ 免费获得我社的最新图书书目

☆ 可参加不定期的促销活动

☆ 解答阅读中遇到的问题

☆ 购买此系列图书可优惠

读者信息		
姓名＿＿＿＿＿ □先生 □女士	年龄＿＿＿	学历＿＿＿
工作单位＿＿＿＿＿＿＿＿＿＿	职务＿＿＿＿＿	
E-mail＿＿＿＿＿＿＿＿＿＿	邮编＿＿＿＿＿	
通讯地址＿＿＿＿＿＿＿＿＿＿		
购书名称＿＿＿＿＿＿＿＿	购书地点＿＿＿＿＿	

1．您对本书的评价

内容质量 □很好 □较好 □一般 □较差

封面设计 □很好 □一般 □较差

编排 □利于阅读 □一般 □较差

本书定价 □偏高 □合适 □偏低

2．在您获取专业知识和专业信息的主要渠道中，排在前三位的是：

① ＿＿＿＿ ② ＿＿＿＿ ③ ＿＿＿＿

A．网络 B．期刊 C．图书 D．报纸 E．电视 F．会议 G．内部交流

H．其他：＿＿

3．您认为编写最好的专业图书（国内外）

书名	著作者	出版社	出版日期	定价

4. 您是否愿意与我们合作，参与编写、编译、翻译图书？

____

____

5. 您还需要阅读哪些图书？

____

____

E-mail:linguangri@163.com

网址：http://hitpress.hit.edu.cn

技术支持与课件下载：网站课件下载区

服务邮箱：wenbinzh@hit.edu.cn　duyanwell@163.com

邮购电话：0451-86281013　0451-86418760

组稿编辑及联系方式：赵文斌（0451-86281226）　杜燕（0451-86281408）

回寄地址：黑龙江省哈尔滨市南岗区复华四道10号 哈尔滨工业大学出版社

邮编：150006　　传真：0451—86414049